제2판

화장품 과학 실험

김운중 지음

자유아카데미

머리말

현대인들에 있어 화장품은 자신을 표현하는 중요한 수단으로 여겨지며, 이와 관련된 산업들이 꾸준히 성장하였다. 특히 최근에는 맞춤형 화장품에 대한 개념이 단순히 자신을 꾸미는 것뿐만이 아니라 건강과 웰빙까지도 챙길 수 있도록 발전하고 있으며, 이에 따라 개인적으로 관심 있는 천연물을 이용하여 화장품 소재로 사용하려는 경향도 점점 커지고 있다. 또한 비건에 대한 관심도 높아짐에 따라 대부분의 천연물이 실제로 인간에게 거부감이 없고 이미 식용이나 약제로 사용 가능한 물질들이기 때문에 인체에 매우 친화적이라는 사실이 많이 알려졌다.

본 교재는 크게 화장품의 소재 및 화장품의 실험 과정으로 구성하였다. 특히 이번 제2판에서는 천연물을 이용한 기능성 화장품을 만드는 실험들이 대거 추가되었으며, 일반인도 영상을 보면서 쉽게 실험할 수 있도록 실험 영상을 QR 코드로 수록하였다. 먼저 전반부에는 기초 화장품에 대한 내용을 다루었고, 중후반부에는 기능성 화장품에 대한 내용과 천연물의 종류, 구조, 효능 및 화장품 원료로 사용할 수 있는 제조 방법에 대해 다루었다. 이를 학습하고 실험 과정을 이해하여 실제로 천연물 원료를 이용하여 화장품을 제조해 볼 수 있는 기회를 제공하였다.

좋은 책을 위해 최선을 다했지만 미흡한 부분이 있을 수 있다. 출간 후에라도 수정사항이 있을 경우에는 자유아카데미 홈페이지(www.freeaca.com) 자료실에 제공할 예정이니 참고하기를 바란다. 학생들이 본 교재를 학습하면서 화장품 제조 및 개발 과정에 도움이 되기를 기대하며, 화장품 관련 창업 및 취업에 대한 도전정신을 갖고 교재에 포함되어있는 다양한 정보를 이용하여 멋진 창업과 취업계획을 설계하고 실천할 수 있기를 바란다.

2023. 2. 25.
김운중

차례

- 실험실 주의사항 ix
- 실험기구 x

실험 01	핸드크림 만들기	1
실험 02	알로에 스킨 만들기	10
실험 03	레몬 스킨 만들기	15
실험 04	모기퇴치 스프레이 만들기	20
실험 05	허브 향수 만들기	26
실험 06	천연샴푸 만들기	31
실험 07	바디 폼클렌저 만들기	38
실험 08	립글로스 만들기	44
실험 09	고체 향수 만들기	49
실험 10	모이스처라이징 로션바 만들기	53
실험 11	천연 EM 비누 만들기	58
실험 12	자외선 차단 선스틱 만들기	63
실험 13	치약 만들기	69
실험 14	손 세정제 만들기	76

실험 15 모기 쫓는 향초 만들기 ········ 81

실험 16 아이브로우 펜슬 만들기 ········ 85

실험 17 각질 제거젤 만들기 ········ 90

실험 18 클렌징 밤 만들기 ········ 95

실험 19 피지조절 워시오프팩 만들기 ········ 99

실험 20 피부진정 스킨 만들기 ········ 103

실험 21 수분크림 만들기 ········ 107

실험 22 아토크림 만들기 ········ 112

실험 23 미백 에센스 만들기 ········ 118

실험 24 피부 재생 미스트 만들기 ········ 122

실험 25 보습 로션 만들기 ········ 126

실험 26 민감성 크림 만들기 ········ 130

실험 27 두피 케어 스프레이 만들기 ········ 134

실험 28 힐 밤 만들기 ········ 139

실험 29 네일케어 밤 만들기 143

실험 30 젤 손소독제 만들기 149

실험 31 백년초 비누 만들기 155

실험 32 주방세제 만들기 160

실험 33 보톡스 크림 만들기 165

실험 34 코코넛 바디 밤 만들기 172

실험 35 핸드 워시 만들기 177

실험 36 오트밀 팩 만들기 183

실험 37 아르간 헤어 앰플 만들기 189

실험 38 노인 냄새 제거 스프레이 만들기 194

실험 키트 & 동영상 안내

다음의 QR 코드를 통해 실험 키트와 동영상을 확인하실 수 있습니다.

실험 키트

실험 동영상

Cosmetic Science

화장품
과학 실험에 앞서

실험실 주의사항

01 실험하기 전에는 실험의 목표와 방법 및 실험기구, 시약 등의 취급법을 정확하게 알아야 한다.

02 실험은 결과도 중요하지만, 그 과정도 중요하므로 주의 깊게 관찰하고, 빠짐없이 기록해야 한다.

03 실험 중에는 항상 정숙해야 하며 주의력을 집중해야 한다.

04 언제나 안전을 염두에 두고 지도 교사의 지시에 따른다.

05 시약병의 라벨은 두 번 이상 읽고 확인한다.

06 실험 중 반응 용기의 입구는 얼굴과 반대 방향으로 향하게 한다. 반응을 관찰할 때도 위에서 내려다보지 않도록 한다.

07 발생하는 기체의 냄새를 맡을 때에는 손으로 코의 방향으로 바람을 일으켜 맡도록 발생하는 기체에 직접 코를 가까이 하지 않도록 한다.

08 실험에 쓰이는 시약은 명시된 양 이상 사용하지 않도록 한다.

09 실험 후에는 사용 기구들을 깨끗이 정리해야 하며, 사용하고 남은 시약이나, 폐기물은 함부로 버리지 말고, 폐수통에 부어서 정리해야 한다.

10 석유, 알코올과 같은 인화성 물질이 주위에 있는지 살펴보고 가열한다.

11 실험 폐기물은 함부로 버리지 않도록 한다.

12 알코올 램프는 불이 붙은 상태로 옮기지 않도록 한다.

13 전기 실험 시 감전, 합선, 누전 등에 유의한다.

14 전기 관련 실험을 할 때, 실험 도중에만 전류가 흐르도록 하며 실험을 하지 않을 때는 스위치를 열어 놓는 습관을 갖도록 한다.

실험 기구

● 가나다순

1	3구 플라스크	입이 3개인 플라스크이다.
2	pH 시험지	산과 염기의 세기를 간편히 측정할 수 있는 시험지이다
3	UV-lamp	살균을 하거나 자외선을 가할 때 사용한다.
4	가스버너	가스를 연소시켜 광원이나 열원을 얻기 위한 장치이다.
5	가지 플라스크	플라스크의 일종으로 주로 증류를 위해 사용한다.
6	갈색 광구병	여러 재질로 제작되며 빛으로부터 시료를 차단하기 위한 용기이다.
7	거름종이	혼합물에 들어 있는 물질 중 녹지 않은 물질을 걸러내는 특수한 종이이다.
8	건조기	감압을 마친 시료의 수분을 제거하는 장치이다.
9	게이뤼삭 비중병	비중병 자체의 질량을 측정하여 간단한 계산을 통해 액체의 비중을 구한다.
10	광학현미경	가시광선을 이용해 작은 물질을 관측할 때 사용한다.
11	교반기	액체를 물리적으로 섞기 위한 장치이다.
12	긴급샤워시설	다량의 위험한 시약과 접촉하였을 때 긴급히 정화하기 위한 시설이다.
13	깔때기	윗부분은 넓고 아랫부분은 좁은 원뿔 모양의 도구로 거름종이 등을 이용하여 불순물을 여과하는 데 사용되기도 한다.
14	나스 플라스크	액체의 구분채취용이다.
15	눈금 실린더	액체의 부피를 측정하는 데 사용되는 실험기구이다.
16	눈금 플라스크	용액 제조 시 사용한다.
17	눈금 피펫	눈금까지 빨아올려 그 양을 측정할 수 있는 피펫이다.
18	데시케이터	고체 또는 액체의 건조제를 사용하여 각종 물체를 건조시키거나 저장하는 데 쓰이는 두꺼운 유리 용기이다.

19	도가니 집게	가열 또는 냉각 중인 기구를 잡기 위한 도구이다.
20	디지털 온습도계	온도와 습도의 수치를 보여주는 도구이다.
21	루프	니크롬이나 백금으로 만든 기구로 불꽃 반응색을 확인할 때 사용한다.
22	리비히 냉각기	냉각수가 드나들어 유체를 냉각하는 데에 사용한다.
23	리트머스 시험지	용액의 산성, 염기성을 판단하는 데 쓰이는 리트머스 수용액을 이용해 물들인 종이이다.
24	마스크	유해 가스와 분진을 착용자로부터 차단하기 위한 장비이다.
25	마이크로 피펫	극미량의 시약을 취할 때 사용한다.
26	막자, 막자사발	약을 빻거나 갈아 가루로 만드는 데 쓰는 도구이다.
27	맴브레인 필터	특정 크기의(보통 0.2~1.2 ㎛) 물질을 거르는 필터이다.
28	모세관	녹는점 측정이나 미량 액체의 무게를 측정할 때 사용한다.
29	보안경	눈을 보호하기 위하여 쓰는 안경이다.
30	볼텍그 믹서	교반기와는 다르게 용액을 흔들어 섞는 기구로 가열 기능이 추가된 경우도 있다.
31	분광광도계	물리학에서는 전자 스펙트럼에 대한 정량적 연구 방법이다. 분광법보다 적용 범위가 좁으며, 가시광선과 근자외선, 근적외선을 대상으로 한다.
32	분별 깔때기	서로 섞이지 않는 두 액체의 혼합물을 밀도 차이를 이용하여 분리하는 데 사용하는 유기기구이다.
33	뷰렛	방울로 떨어트린 액체의 양을 측정하는 데에 사용되는 실험 기구이다.
34	비중병	주로 액체의 밀도를 측정하기 위한 소형 유리기구이다.
35	비커	액체를 담는 용기이다.
36	삼각 비커	원뿔 모양의 비커로 교반 막대를 사용하지 않고 용기를 흔드는 것으로 액체를 섞을 때 유용하다.
37	삼각 석쇠	도가니, 증발접시 등 작은 용기를 가열할 때 삼발이 위에 올려놓고 사용하는 기구이다.
38	삼발이	가스 버너 등으로 기구를 가열할 경우에 사용된다.

39	석면 철망	플라스크, 비커 등의 기구를 가열할 때 이들 기구와 열원 사이에 놓여 급격한 온도 변화, 국부적 가열 등에 의한 기구의 파손, 끓어오름 등을 막는 데 사용한다.
40	석영도가니	자기제 도가니와 비슷하나 알칼리의 용출이 없어 알칼리 금속과 알칼리토금속의 화학분석에 주로 사용된다.
41	셸바흐 부피측정 플라스크	메니스커스의 렌즈작용을 응용하여 표선의 위치를 읽기 쉽게 고안한 기구이다.
42	수분측정기	적외선수분계를 이용하여 수분을 측정하는 것으로서, 근래 비교적 널리 쓰이고 있다. 적외선 수분계는 접시 천칭과 같은 구조로서 적외선 램프를 장치하고 있으며, 여기에서 조사되는 복사열에 의하여 시료의 수분을 신속하게 건조하며, 건조하는 동안에 시료의 무게 변화를 바로 함수율로서 직접 읽게 되어 있다.
43	수소이온농도계 (pH 미터)	수소 이온의 농도(pH)를 읽는 기구이다.
44	수조	액체를 담는 그릇으로 빛의 진행을 관찰하거나 수상치환으로 기체를 모을 때 집기병을 넣는 그릇으로 사용한다.
45	스텐드	클램프와 함께 사용하여 실험기구를 고정할 수 있는 장치이다.
46	스톱워치	반응이 완결되는 속도 등을 측정할 때 사용한다.
47	스패출러	분말을 옮기기 위한 작은 주걱이다.
48	시험관	한쪽을 둥근 바닥으로 막은 유리제 관이다.
49	시험관 꽂이	시험관이 쓰러지지 않도록 고정해주는 장치이다.
50	시험관 솔	유리제 실험기구를 세척할 때 사용한다.
51	실험복	약품, 화재 등의 위험에서 신체를 지키기 위해 평상복 위에 입는 보조옷이다.
52	싱크대	주로 각종 기구를 세척하고 종종 아스피레이터가 부착된다.
53	씻기병	물과 에탄올 등의 세척액을 넣어두는 용기이다.
54	아스피레이터	감압을 할 때 사용하는 장치이다.
55	알린 냉각기	증류, 환류 냉각기로 사용한다.

56	알코올램프	알코올을 연료로 사용하는 소형의 램프를 말하며 멸균 작업 시에는 가스버너 대용으로도 이용한다.
57	약수저	고체 시료를 옮길 때 쓰는 숟가락이다.
58	어댑터	서로 크기가 다른 두 기구를 연결하는 기구이다.
59	에그바	교반기와 함께 사용하여 물질을 섞는 데 사용하며 자성을 띄고 있다.
60	연소숟가락	어떤 가스 속에서 물질을 연소시킬 때에 사용하는 숟가락이다.
61	염화 칼슘관	무수 염화 칼슘을 흡수제로 채워 기체를 말리거나 흡수시킬 때 사용한다.
62	옥타곤 스핀바	교반기와 함께 사용하여 물질을 섞는 데 사용하며 자성을 띄고 있다. 에그바에 비해 발전된 형태이다.
63	온도계	물체의 내부 에너지를 수치화할 수 있는 기구이다.
64	원심관	원심분리를 할 때 용액을 넣는 기구이다.
65	웨잉디쉬	액체시료나 고체시료를 담는 접시이다.
66	유리막대	화학의 실험기구를 만드는 재료로 사용한다.
67	임호프콘	침전 물질을 측정하는 기구이다.
68	자동뷰렛	적정액이 자동으로 0 mL의 눈금에 일치하도록 고안된 뷰렛이다.
69	자동증류수기	수증류수를 매번 구입하지 않고 수돗물을 기화시킨 후 냉각하여 증류수를 얻기 위한 장치로 필터가 달린 경우도 있다.
70	자력교반기	자기력을 이용해 액체를 섞기 위한 장치이다.
71	장갑	손의 보호를 위한 장비이다.
72	전자저울	물체의 무게를 측정하는 기계이다.
73	점도계	유체의 점성을 재는 기구이다. 우벨로데 점도계와 오스트발트 점도계 등이 있다.
74	점적판	반점 분석에 쓰는 기구이다.
75	주사 전자 현미경	원자 수준 이미지를 얻을 수 있는 장비이다.
76	주사기	스포이트와 비슷하게 용액을 옮기는 도구이다.

77	줄	주로 유리세공 시 유리를 자르기 위해 사용한다.
78	중탕냄비	가열시 급격한 온도의 변화를 막기 위한 장치이다.
79	증발접시	용액을 농축 또는 증발할 때에 사용하는 바닥이 둥글고 벌어진 접시이다.
80	진공펌프	다른 기구 내부의 기체를 빨아들여 진공상태로 만드는 장치이다.
81	질량분석기	크로마토그래피나 이온화, 전하량의 차에 따른 비행시간형, 공명 등을 이용해 시료의 조성을 파악하는 장치이다.
82	집기병	기체를 모을 때 쓰이는 병으로 연소나 산화 등의 화학 반응 실험에서도 사용한다.
83	초음파 세척기	고진동 주파수를 이용하여 기구를 세척할 수 있는 장비이다.
84	코니컬 비커	액체를 외부에 튀기지 않고 섞을 수 있는 적정비커이다.
85	콘웨이디쉬	시료의 확산과 반응을 살펴볼 수 있는 접시이다.
86	큐벳	소량의 액체를 넣어 분광기로 광학 측정을 할 때 사용되는 용기이다.
87	크로마토그래피	시료 중 혼합 성분을 단일 성분별로 분리하는 분석기술로서, 이동상이 액체인 것을 LC, 이동상이 기체인 것을 GC라 한다. 현대의 모든 산업, 의료 및 연구를 비롯한 다양한 분야에서 매우 유용하게 사용되는 분리분석 기술로써 시료의 정성, 정량 분석에 사용된다.
88	클램프	실험기구를 고정하기 위해 사용하는 집게이다.
89	테이퍼 클립	연결 부분을 단단히 고정할 때 사용된다.
90	토출기	알코올이나 세척액을 정량씩 뽑을 수 있도록 고안된 장치이다.
91	톨비커	시료의 가열용해나 적정 용기, 전해비커로 이용된다.
92	틸레관	대류를 이용해 시료를 고르게 가열하기 위한 장치이다.
93	페트리 접시	얕고 둥근 유리 접시로 샬레라고도 한다.
94	플라스크	시료를 담고 실험을 하기 위한 용기로 스텐드에 고정하기 용이하다.
95	피펫 필러	홀피펫이나 눈금 피펫에 끼워서 시약을 흡입하는 힘을 주기 위해 쓰는 기구
96	핀셋	작은 물체를 들어올리기 위한 도구이다.

97	핀치코크	고무관 등을 집어서 유체의 흐름을 가감하는 조임쇠이다.
98	핫 플레이트	전기에너지를 열에너지로 전환하여 용액을 가열하는 기구이다.
99	항온기	내부의 온도를 일정하게 유지하도록 만든 기구이다.
100	핵자기공명분석법 (NMR)	유기화합물의 분석에서 탄소와 수소 사이의 framework를 분석해 유기물의 구조, map을 파악하는데 쓰이는 방법이다
101	홀 피펫	눈금이 없어 일정한 양의 시약을 취할 때 사용한다.
102	후드	유독기체나 악취가 발생하는 실험을 할 때에 사용하는 장치이다.
103	흄 후드	분진을 막을 수 있는 대형 후드이다.
104	흡인여과기	다량의 결정이나 침전을 단시간 내에 분리시킬 수 있는 여과기이다.

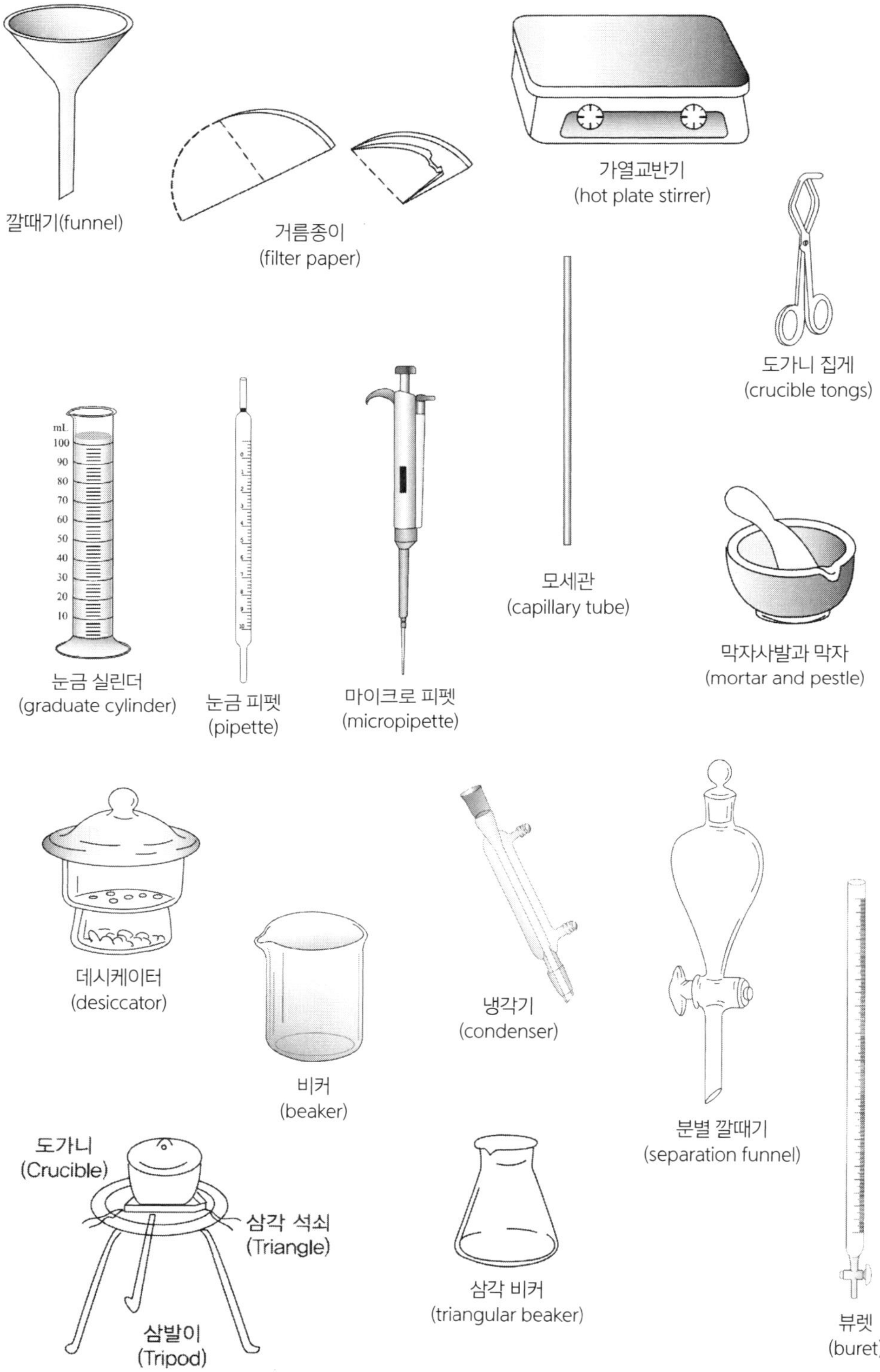
깔때기(funnel)
거름종이
(filter paper)
가열교반기
(hot plate stirrer)
도가니 집게
(crucible tongs)
모세관
(capillary tube)
mL
100
90
80
70
60
50
40
30
20
10
눈금 실린더
(graduate cylinder)
눈금 피펫
(pipette)
마이크로 피펫
(micropipette)
막자사발과 막자
(mortar and pestle)
데시케이터
(desiccator)
비커
(beaker)
냉각기
(condenser)
분별 깔때기
(separation funnel)
도가니
(Crucible)
삼각 석쇠
(Triangle)
삼발이
(Tripod)
삼각 비커
(triangular beaker)
뷰렛
(buret)

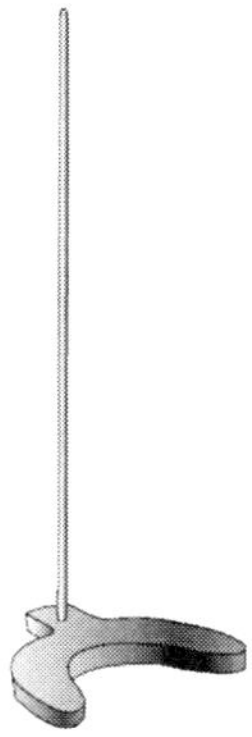

스탠드
(stand)

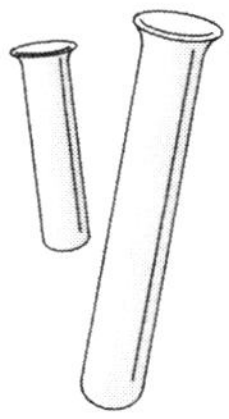

시험관
(test tube)

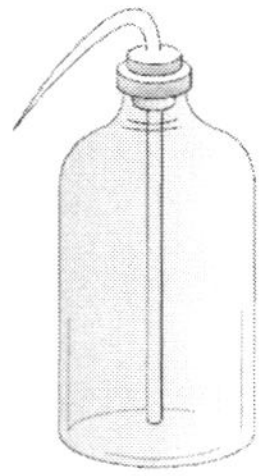

씻기병
(wash bottle)

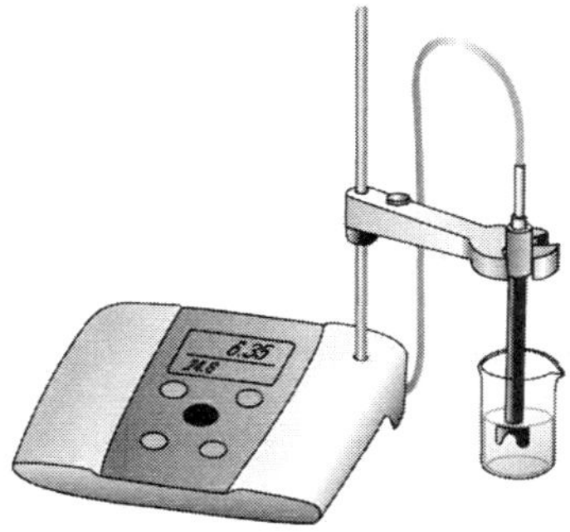

pH 미터
(pH meter)

약숟가락
(spatula)

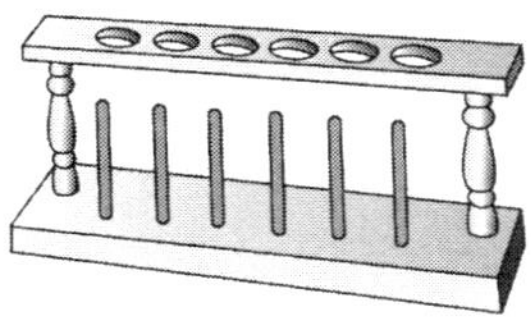

시험관대
(test tube rack)

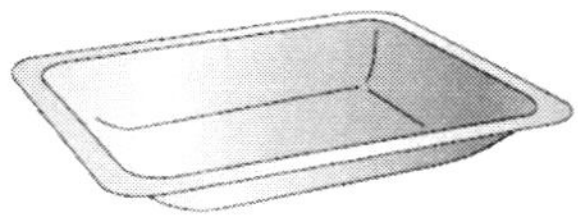

무게 접시
(weighing dish)

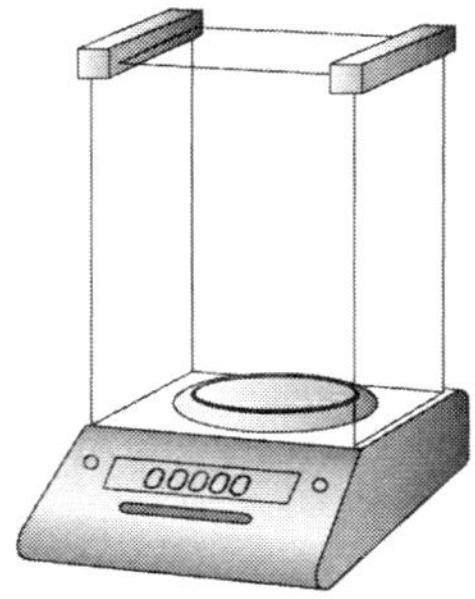

전자 저울
(analytical electronic balance)

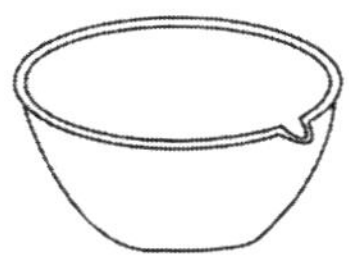

증발 접시
(evaporating dish)

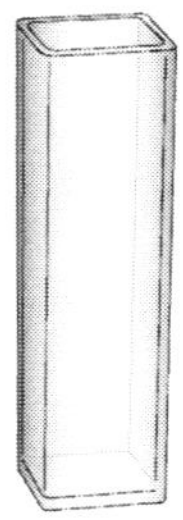

큐벳
(cuvette)

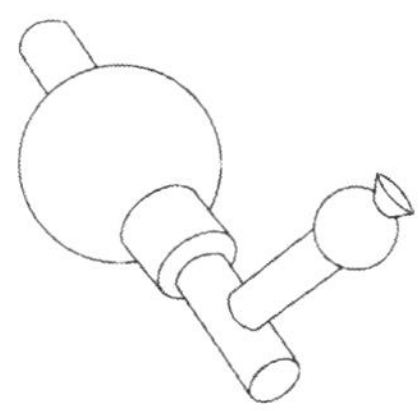

피펫 채우개
(pipette filler)

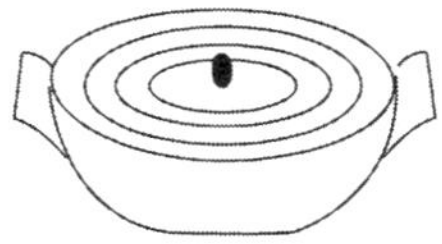

중탕 냄비
(water bath)

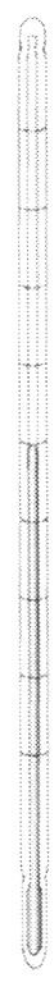

온도계
(thermometer)

페트리 접시
(Petri dish)

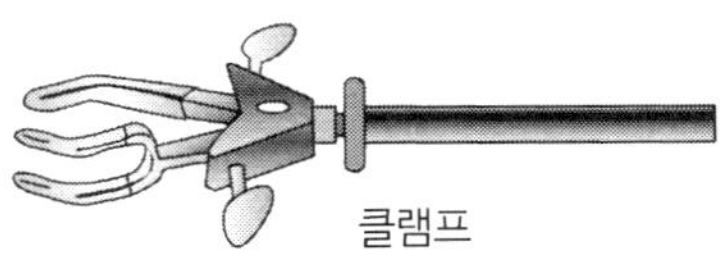

클램프
(clamp)

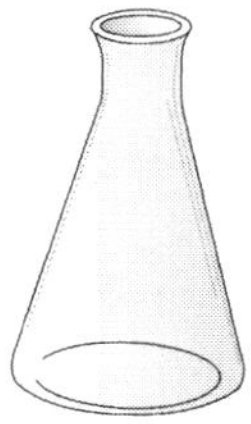

삼각 플라스크
(erlenmeyer flask)

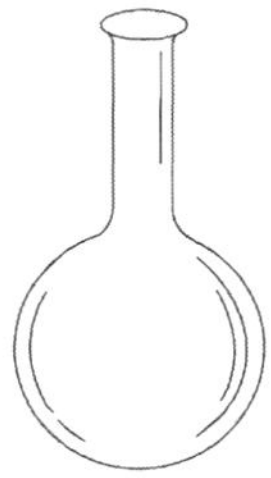

둥근 바닥 플라스크
(round bottom flask)

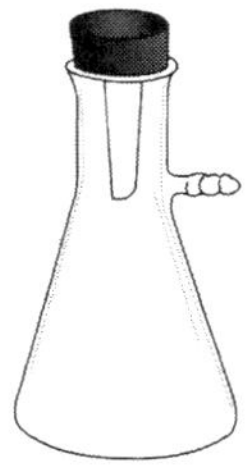

감압 플라스크
(suction flask)

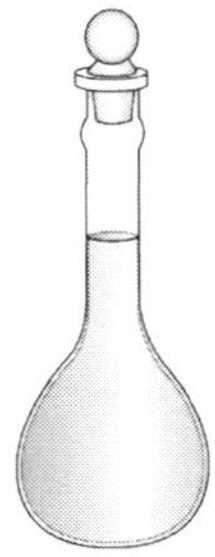

부피 플라스크
(volumetric flask)

핀셋
(pincette)

실험 01 핸드크림 만들기

1 배경지식 쌓기

(1) 피부에 대한 화학

피부는 신체의 다른 기관과 같이 균일한 조직으로 구성되어 있지 않으며, 그 구조에 따라 보호, 감각, 분비 그리고 체온 조절 등의 기능을 가지고 있다[그림 1.1].

한편, 피부가 건조되어 갑작스럽게 각질이 일어나는 현상을 막기 위해서는 습윤제를 피부에 발라 각막층에 수분을 공급해야 한다. 정상적인 피부는 pH가 4.0으로 약산성이다.

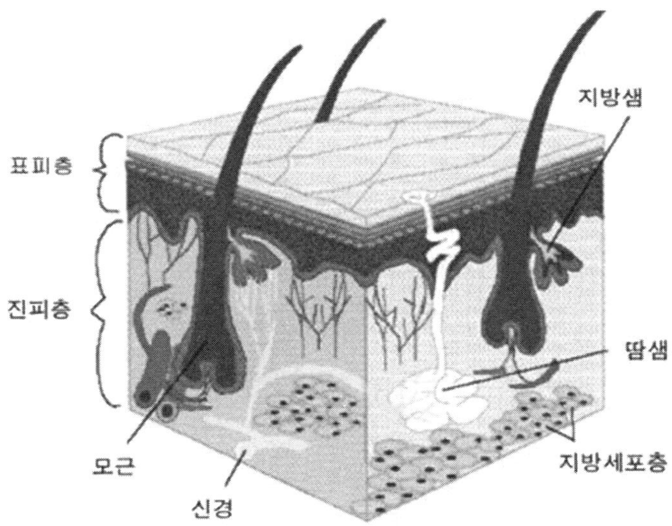

그림 1.1 피부의 구조

건강한 피부를 유지하기 위하여 피부의 수분함량은 약 10 % 정도가 되어야 한다. 만약 수분 함량이 10 % 이상이면 미생물이 너무 쉽게 자랄 수 있는 조건이 되고, 수분 함량이 너무 적으면 각막층이 얇은 조각으로 벗겨진다.

(2) 피부 관리 및 화장법

건성 피부는 피부 속에 유분과 수분이 부족하기 때문에 피부 표면이 건조하고 윤기가 없는 상태의 피부이다. 이러한 건성 피부의 관리를 위해서는 건성 피부용 팩과 마사지를 통해 피부에 영양분을 공급해 주고 에센스와 영양 크림을 1:1 비율로 섞어 마사지한 후 씻어내지 말고 그대로 흡수시켜 주어야 한다.

지성 피부는 피지의 분비가 많아서 쉽게 더러워지는 피부로 모공이 크고 피부에 지나치게 유분이 많아 세균 등이 많이 침입하고 여드름, 잡티가 생기기 쉬운 피부이다. 지성 피부 관리의 첫 번째 단계는 클렌징으로 비누의 사용을 자제하고, 폼 클렌징을 이용한 세안으로 과도한 피지 제거를 막는 것이다.

(3) 에멀션

에멀션은 우유처럼 액체가 다른 액체에 콜로이드 상태로 퍼져 있는 용액이다. 서로 섞이지 않는 두 액체 사이에서 주로 일어난다. 콜로이드와 유화액이 비슷한 의미로 쓰이지만, 유화액은 주로 두 개의 상이 존재하는 경우에 사용된다.

유화액이란 말은 "우유와 같이 된다"라는 뜻으로, 영어 표현인 emulsion 또한 'to milk'라는 뜻의 라틴어 단어로부터 유래한다. 우유의 경우 물과 지방, 그리고 여러 구성 요소로 이루어진 유화액이다. 두 개의 액체는 용매와 용질에 따라서 여러 유화액의 종류를 형성하는데, 기름과 물을 예로 들자면, '물 안에 기름이 들어간 경우'와, 반대로 '기름 안에 물이 들어간 경우'가 가능하다. 중첩된 유화액 상태도 가능한데, '물 안의 기름 속의 물(water-in-oil-in-water)' 유화액과 '기름 안의 물속의 기름(oil-in-water-in-oil)' 유화액 또한 존재한다.

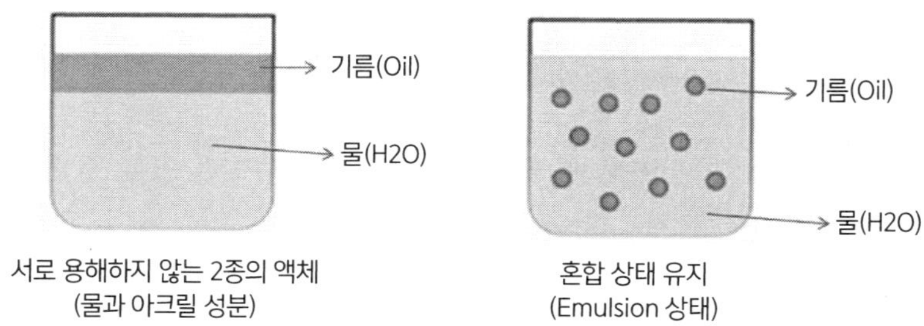

그림 1.2 에멀션

보통 마이크로 유화액은 기름 입자가 계면활성제나 보조 계면활성제(co-surfactant), 보조 용매(co-solvents)에 의해 가용성이 되면서 나타난다.

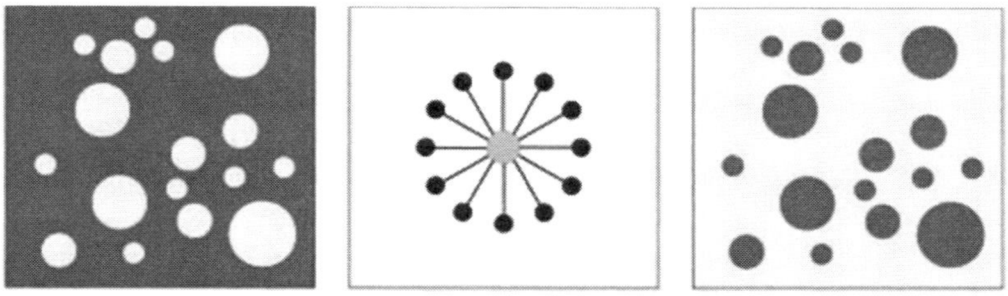

그림 1.3 물과 기름의 가용화

(4) 계면활성제

계면이란 기체와 액체, 액체와 액체, 액체와 고체가 서로 맞닿은 경계면이다. 계면활성제는 이런 계면의 경계를 완화하는 역할을 한다. 이 때문에 계면이 가지고 있던 표면 장력은 약해진다. 하나의 분자 내에 친수성과 친유성을 가진 화학적 구조를 지니고 있다. 계면활성제는 세제 용도에 많이 사용되는 것 외에도 식품과, 화장품의 유화제, 보습제에도 많이 사용되고 있다. 계면활성제는 약간의 화학 구조를 변형시킨 것만으로도 특성이 크게 달라져 종류도 다양하다. 대체로 계면활성제는 물에서 해리되었을 때 친수성 부분의 전하에 따라 음이온성, 양이온성, 양쪽성, 비이온성, 특수 계면활성제로 분류할 수 있다.

그림 1.4 계면활성제

(5) 크림

크림은 일반적으로 물과 오일이 섞여 있는 형태의 에멀션이다. 예로 콜드 크림 성분과 함량을 다음 **표 1.1**에 나타내었다.

표 1.1 콜드 크림 성분

콜드 크림	용도	함유량
아몬드 오일	오일 성분	35%
밀납	증점제	12%
라놀린	습윤제	15%
고래 기름	오일 성분	8%
장미수	강한 향기	30%

2 실험 재료 살펴보기

주요 구성 성분

- 기능 부여제: 알로에 베라 젤
- 보습 성분(보호막 형성): 세라마이드
- 방부제(세균 증식 억제): 자몽 추출물(또는 나프리)
- 보습 성분: 글리세린
- 계면활성제: 오렌지 향
- 오일 성분(컨디셔닝제): 올리브 오일

기기 및 분석장비

- 마그네틱 바, 핸드크림 용기, 스포이트, 비커, 점도계, pH 미터, Conductivity

(1) 알로에 베라 젤

알로에는 세균 곰팡이에 대한 살균력이 있고, 독소를 중화하는 성분인 알로에친이 함유되어 있어 피부 트러블에 효과적이다. 또한 비타민 A, B, C, D, E, B12 아미노산을 함유하고 있어 미백, 노화 방지에도 효과적인 것으로 알려져 있다. 다음 표는 LC-MS를 이용하여, 알로에 베라 젤 내에 함유되어 있는 비타민 성분들의 함량을 분석한 결과이다.

표 1.2 여러 크기의 알로에 베라의 LC-MS 분석 결과

RT[a] (min)	[M-H]	MSa fragment ions (m/z)	Elemental composition	ppm	iFit	Difference (mDa)	Putative metabolites[b]	ID[c]
3.26	393.1191	393>273,245	$C_{19}H_{22}O_9$	1.3	2.4	0.5	aloesin(1)	STD/LC[32,33]
4.66	593.1308	593> 473,431,341,311	$C_{28}H_{34}O_{14}$	3.2	2.6	1.9	homonataloside B(2)	LC[34]
5.13	447.1291	447> 327,312,284,269,265	$C_{22}H_{24}O_{10}$	3.8	1.7	1.7	7-hydroxy-8-O-methylaloin(3)	LC[32]
5.34	433.1125	433> 313,270	$C_{21}H_{22}O_{10}$	-2.3	1.6	-1.0	7-hydroxyaloin B(4)	LC[32]
5.45	433.1131	433> 313,270	$C_{21}H_{22}O_{10}$	-0.9	2.0	-0.4	7-hydroxyaloin A(5)	LC[32]
5.62	431.0973	431> 304,174	$C_{21}H_{20}O_{10}$	-1.2	1.3	-0.5	nataloeemodin(6)	LC[35]
6.42	539.1552	539> 393,375,273,231	$C_{28}H_{28}O_9$	-0.2	1.8	-0.1	aloeresin A(7)	LC[32,33]
7.42	417.1182	417> 298,297	$C_{21}H_{22}O_9$	-1.0	1.0	-0.4	aloin B(8)	STD/LC[32,36]
7.54	555.1863	555> 297,257,243	$C_{29}H_{32}O_{11}$	-0.5	1.8	-0.3	isoaloeresin D(9)	LC[26,32]
7.77	553.1710	553> 408,407	$C_{29}H_{30}O_{11}$	0.0	2.4	0.0	7-O-methylaloeresin A(10)	LC[26]
7.85	417.1187	417> 298,297	$C_{21}H_{22}O_9$	0.2	1.8	0.1	aloin A(11)	STD/LC[32,36]
8.06	459.1326[d]	459,297,175	$C_{24}H_{24}O_{12}$	-2.4	1.2	-1.2	6′-malonylnataloin B(12)	LC[28]
8.40	459.1326[d]	459,297,175	$C_{24}H_{24}O_{12}$	-2.4	1.2	-1.2	6′-malonylnataloin A(13)	LC[28]

[a] Retention time.
[b] Identified metabolites based on variable importance projection (VIP) analysis with cut-off value of 0.7 and a p-value<0.05.
[c] Identification: STD, standard compound/LC, literature cited.
[d] [M-H-CO2].

(2) 세라마이드

달팽이 점액 여과물인 세라마이드는 외부 자극으로부터 피부를 지켜줌과 동시에 피부 표면에 보호막을 형성하여 수분 손실을 줄여 준다. 그로 인해 거친 피부를 완화시켜 장기적인 보습을 가능하게 한다. 특히, 아토피 피부염에 효과적인 것으로 알려져 있다. 또한 구조적으로 OH기와 NH_2기가 있어, 보습과 피부 흡수력이 우수하다.

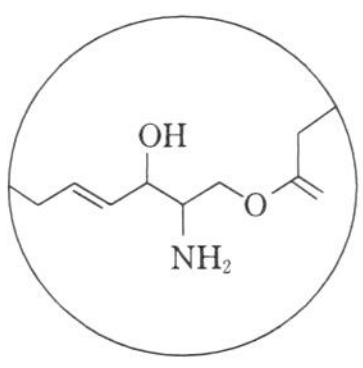

그림 1.5 세라마이드의 화학식

(3) 자몽 추출물

자몽씨로부터 추출한 천연 방부제로써, 천연의 살균, 소독, 방부제로서 의학적으로 박테리아나 세균 감염에 내복약으로 쓰이고 상처나 중이염, 인후염 등 외용약으로도 사용된다. 항균 효과를 지닌 나린진이 함유된 제품으로 화장품이나 비누에 첨가하면 제품의 보존기간이 증가한다. 소량(전체의 0.5 %)만 첨가해도 제품의 원래 보존기간을 약 두 배정도 증가시킨다고 알려져 있다.

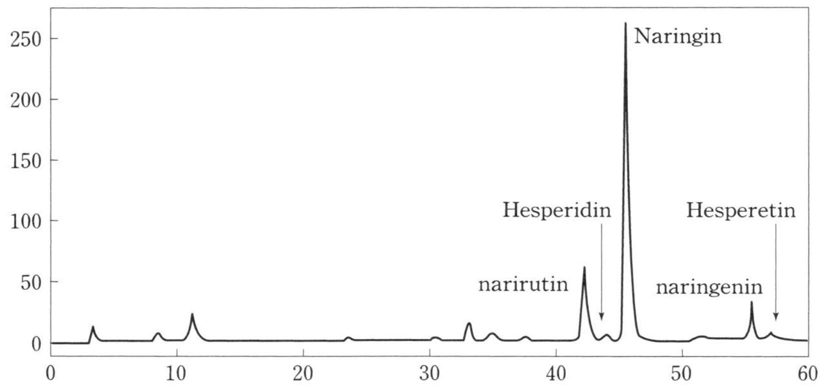

그림 1.6 자몽껍질 유래 플라바논의 최적 추출 및 기능성 소재 캡슐화(HPLC)

(4) 나프리

산초, 백두홍, 이끼에서 초음파 추출법으로 추출한 식물성 천연 방부제로 수용성이며, 항균, 항박테리아 성분을 가지고 있어, 효모, 곰팡이에 모두 강한 활성을 보이지만, 산도와는 무관하다. 피부에 자극을 최소화하면서 방부 효과를 가지는 것으로 잘 알려져 있어 현재 식물성 천연 보존제 중에서 가장 광범위하게 사용된다.

(5) 글리세린

글리세롤(glycerol)은 글리세린(glycerin, glycerine)이라고 하는 무색, 무취 액체로 점성이 매우 강한 특징을 가지고 있다. 글리세린은 3개의 수산기(OH)를 가진 3가 알코올로서, 무색의 끈기 있는 액체로 흡습성이 있으며 녹는점 20 ℃, 끓는점 290 ℃를 나타낸다. 글리세린은 담배나 화장품의 방건제 및 방동제, 인쇄용 잉크 등 많은 용도를 가진 중요한 물질이다. 오늘날에는 천연품과 합성품이 거의 같은 분량을 차지하고 있다.

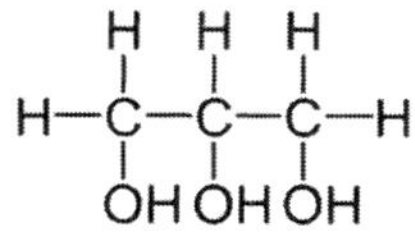

그림 1.7 글리세린의 화학구조

(6) 크림 제조

크림에도 O/W형과 W/O형의 유화형이 있고, 사용하는 계면활성제나 유성 성분에 따라 다양한 특징이 있다.

가) O/W형: W/O 크림에 비해 시원함, 촉촉함을 느끼게 한다. W/O 크림에 비해 수분의 증발이 빠르기 때문에 촉촉함의 지속성은 떨어진다.

나) W/O형: 일반적으로 O/W 크림에 비해 촉촉함의 지속성이 더 유지된다. 사용할 때 시원한 느낌이 떨어지고, 뻑뻑하며 퍼짐성이 낮다. 겨울용 스포츠 제품에 사용하면 살이 트는 것을 막을 수 있다.

다) W/O/W형: 각종 영양 물질, 생리 활성 물질을 비교적 안정한 상태로 보존시킬 수 있는 장점이 있다. 보습 크림, 각종 영양 크림의 제조에 이용된다.

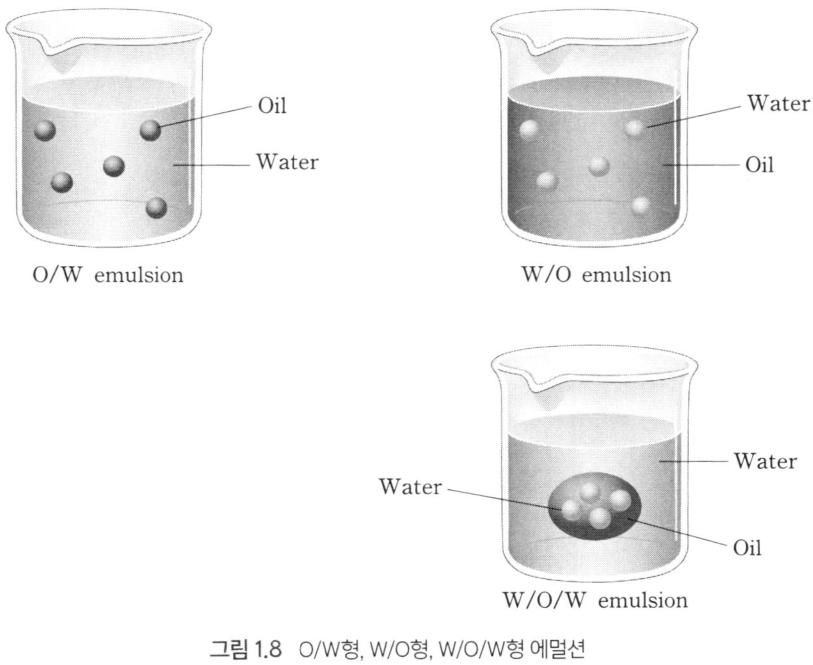

그림 1.8 O/W형, W/O형, W/O/W형 에멀션

실험 01

알로에 핸드크림 만들기

QR 코드

실험 목표

- 알로에를 이용하여 친환경 핸드크림을 만들어 본다.
- 핸드크림의 제조 및 구성 성분을 이해한다.
- 계면활성제의 역할을 이해한다.

실험 방법

① 비이커에 알로에 베라겔 7 g을 첨가한다.
② ①의 비이커에 오렌지향(계면활성제) 3방울, 올리브 오일 0.5 ml를 첨가한다.
③ ②의 비이커에 글리세린 1 g를 첨가하고, 200 rpm 조건에서 교반한다.
④ 세라마이드 0.5 g, 자몽 추출물 0.2 g을 첨가하고, 200 rpm 조건에서 교반한다.
⑤ 완성된 알로에 핸드크림을 용기에 담고, 손에 발라본다.

실험 TIP 등

- 비커와 용기는 알코올 솜을 이용하여 소독한 후 사용한다.
- 약품의 양은 오차 범위 내에서 조절한다.

실험보고서

학과 학번 이름 일자 실험조

문제

1.1 피부의 정상적인 pH는 얼마인가?

1.2 건강한 피부의 수분함량은 몇 퍼센트인가?

1.3 핸드크림의 제조 원리는 무엇인가?

1.4 실험에서 피부 표면에 보호막을 형성함으로써, 수분 손실을 줄이는 역할을 하는 것은 무엇인가?

1.5 실험에서 방부 역할을 하는 것은 무엇인가?

심화학습

1.6 실험에 사용한 시약들에 대한 이름, 화학식, 구조, 특징과 기능에 대해 조사하시오.

1.7 알로에 핸드크림 외에 만들고 싶은 핸드크림을 알아보고, 왜 만들고 싶은지에 대해서 함께 논의하시오.

실험 02 알로에 스킨 만들기

1 배경지식 쌓기

(1) 화장수

화장수(Skin Lotion)는 세안료로 피부를 청결하게 한 후 피부 각질층에 수분 및 보습 성분을 부여하여 피부를 건강하게 유지시키기 위해 사용되는 기초화장품이다. 일반적으로 화장수는 물에 녹지 않는 물질을 가용화하여 열역학적으로 안정화시켜 외관을 투명액상으로 만든 에멀션이다. 그 외에도 마이크로에멀션, 리피드나노스페어 기술을 적용한 투명 또는 반투명 화장수, 일정량의 오일 성분을 O/W형으로 유화하여 유상과 수상의 비중을 조절함으로써 저점도 액상에서도 크리밍이나 침강을 만들지 않는 불투명 화장수, 수용성 고분자를 배합하여 투명하고 점성이 있는 화장수들도 있다.

화장수의 기본 기능은 각질층에 수분, 보습 성분을 공급하는 것이다. 그 외에도 청정, 유연, 수렴 등의 기능이 추가될 수 있다. 따라서 화장수의 성분 구성은 정제수, 에탄올, 보습제가 기본 성분이며, 목적이나 기능에 따라 수렴제, 각질 연화제, 유연제, 계면활성제, 색소, 향료, 방부제 등이 첨가된다. 대표적인 화장수의 종류는 다음과 같다.

청정화장수	가벼운 색소 화장을 지울 때나 화장 전 얼굴 피부를 정돈할 때 사용되는 것이다. 일반 화장수에 비해 세정 효과를 높이기 위해서 계면활성제와 에탄올의 함량이 많고 pH는 염기성이다.
유연화장수	피부가 거칠어지는 것을 예방하고 피부 표면의 pH를 조절하여 피부 정돈 효과를 나타낸다. pH는 주로 약염기성~약산성이지만, 피부 표면의 고유에 가까운 5.5~6.5 정도로 조정된 화장수가 많다.
수렴화장수	pH가 산성이며 모공 및 피부를 수렴하는 작용이 있어 피부 표면의 산성 유지, 미생물 발육의 억제, 발한 억제 등의 기능을 한다.
다층상화장수	2층 이상의 층으로 이루어진 화장수로 유층, 수층으로 된 액체-액체인 것과 수층 분체와 같은 액체-고체인 것이 있다.

(2) 화장수 원료

화장수의 원료로는 알로에, 동백 오일(카멜리아 오일), 프로폴리스, 고령토(카올린 클레이) 등을 들 수 있다. 각 원료들의 특징은 다음과 같다.

알로에	• 세균 곰팡이에 대한 살균력 • 독소를 중화하는 성분인 알로에친 함유 • 비타민 A, B, C, D, E, B12 아미노산 함유 • 피부트러블, 미백, 노화방지에 효과적
동백 오일 (카멜리아 오일)	• 동백나무 열매에서 채취한 오일 • 보습 효과가 높은 올레인산을 많이 함유 • 감마 리놀렌산이 풍부 • 피부 건조를 방지하고 가려움증을 완화시킴
프로폴리스	• 양봉의 부산물 중 하나로 취할 수 있는 양이 매우 적음 • 살균성, 항산화성, 항염 작용, 항종양 작용이 있음
고령토 (카올린 클레이)	• 피지 흡착력이 매우 뛰어나 지성피부에 효과적 • 미네랄의 함유량에 따라 색상이 다름

2 실험 재료 살펴보기

주요 구성 성분

- 용제: 정제수, 에탄올
- 기능성 부여제: 알로에 베라 젤
- 보습, 피부재생: 아카시아 콜라젠
- 방부제: 자몽 추출물
- pH 조정제: 시트르산
- 보습제: 글리세린
- 계면활성제: 오렌지향

기기 및 분석장비

- 마그네틱 바, 스프레이 용기, 스포이트, 비커, 점도계, pH 미터, Conductivity, HPLC, SEM, UV/VIS

(1) 알로에 베라 젤, 자몽 추출물, 글리세린

실험 01 핸드크림 만들기-실험 재료 살펴보기 내용 참조

(2) 아카시아 콜라젠

아카시아 콜라젠은 식물성 콜라젠 성분으로써, 생체 보호, 지지 등의 물리적 역할과 피부 결합 조직 활성화, 피부 노화 방지, 피부 재생 작용, 피부 탄력 유지 기능 등을 한다. 특히, 생체 조직과의 친화성이 우수하고 사용감이 좋으며 뛰어난 보습 기능을 가지고 있다.

실험 02

알로에 스킨 만들기

QR 코드

실험 목표

- 알로에 베라 젤을 이용하여 친환경 알로에 스킨을 만들어 본다.
- 천연 스킨의 원리를 이해한다.
- 각자의 피부 타입에 맞게 스킨을 제조한 후 분석한다.

실험 방법

① 비커에 알로에 베라 젤 10 g을 첨가한다.

② ①의 비커에 오렌지향(계면활성제) 1방울, 글리세린 1 mL, 자몽 추출물 0.5 mL, 아카시아 콜라젠 0.5 mL를 첨가한다.

③ 첨가한 재료들이 뭉친 것이 없어질 때까지 유리막대로 잘 교반한다.

④ 정제수(90 g 내외)를 부어서 적당한 점도를 조정한다.

⑤ 뭉친 것이 없어질 때까지 잘 교반한다.

⑥ 물의 양을 조절하여 원하는 점도로 조정한다.

⑦ 균일하게 혼합되도록 잘 교반한다.

실험 TIP 등

➔ 비커와 용기는 알코올 솜을 이용하여 소독한 후 사용한다.

➔ 완성된 천연 스킨을 손에 발라 본다.

실험보고서

학과 　　　 학번 　　　 이름 　　　 일자 　　　 실험조

문제

2.1 천연 스킨의 제조 원리는 무엇인가?

2.2 실험에서 생체 조직과의 친화성이 우수하고, 사용감이 좋으며 뛰어난 보습 기능을 하는 것은 무엇인가?

2.3 실험에서 방부 역할을 하는 것은 무엇인가?

2.4 실험에서 pH 조정제로 사용한 것은 무엇인가?

심화학습

2.5 실험에 사용한 시약들에 대한 이름, 화학식, 구조, 특징과 기능에 대해 조사하시오.

2.6 보습 기능을 할 수 있는 다른 원료에 대해서 조사하시오.

실험 03 레몬 스킨 만들기

1 배경지식 쌓기

(1) 에멀션

실험 01 핸드크림 만들기-배경지식 쌓기 내용 참조

(2) 레몬의 효능

레몬에는 비타민 C, 칼슘(Ca), 구연산($C_6H_8O_7$) 등이 풍부하게 함유되어 있다. 따라서 피부 회복과 미백에 매우 뛰어난 효능이 있는 것으로 알려져 있다.

2 실험 재료 살펴보기

주요 구성 성분

- 기능 부여제: 레몬 E.O
- 보습 성분: 글리세린
- 방부제(세균 증식 억제): 자몽 추출물
- 피부 컨디셔닝제: 비타민 E
- 계면활성제: 올리브 리퀴드

기기 및 분석장비

- 마그네틱 바, 스프레이 용기, 스포이트, 비커, 점도계, pH 미터, Conductivity, ^1H NMR, SEM, Optical microscope, UV/VIS spectroscopy

(1) 레몬 E.O

레몬 에센셜오일(E.O)은 레몬의 섬세한 성질과 강력한 효능을 보존하기 위해서 레몬 껍질을 저온 압축하여 만든다. 레몬은 강력한 향과 피부사용 및 체내복용 정화제로서 알려져 있고, 다른 많은 오일을 보완하기 위해 사용된다. 집안에서 레몬을 분사하면 공기를 정화할 수 있고 무드를 상승시켜 준다. 또한 비독성 정화 촉진제로 집안 곳곳을 청소하는 데 사용할 수 있다. 특히 비타민 C가 많이 함유되어 있어 미백에 효과가 매우 좋은 것으로 알려져 있다.

(2) 올리브 리퀴드

올리브 성분의 계면활성제로 오일 성분을 워터류에 첨가하여 가용화시키는 원료이다. 올리브 리퀴드는 친유성기과 친수성기를 동시에 가지고 있는 계면활성제 구조를 가지고 있어 가용화(소량의 오일을 다량의 물에 첨가해 분산)할 때에 사용되며, 오일량의 2~3배를 첨가한다. 클렌징 오일을 만들 때는 전체 오일량의 5~15 %를 첨가하면 워셔블 타입의 클렌징 오일을 만들 수 있다. 그러나 사용비율이 높아지면 피부에 자극을 주고 건조한 사용감을 주기 때문에 건조, 민감 피부에는 사용량을 제한하는 것이 적절하다.

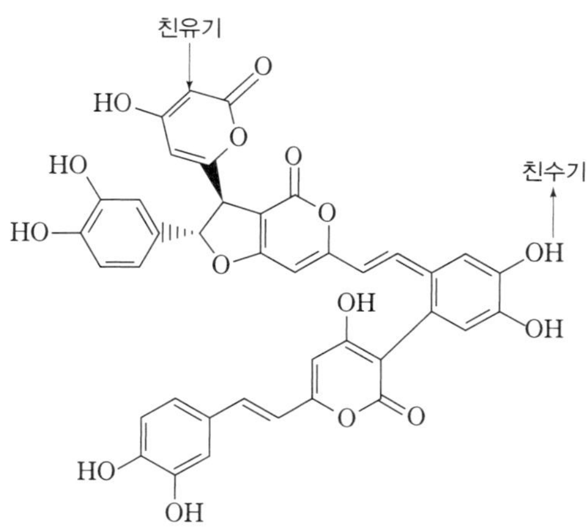

그림 3.1 올리브 리퀴드

(3) 비타민 E(토코페롤)

세포 노화를 막아주고 세포막을 유지시켜 주는 역할을 한다. 비타민 E를 포함해서

대다수의 비타민이 보이는 공통적으로 나타나는 특징인 활성산소를 무력화시키는 항산화 물질이 포함되어 있다. 비타민 E는 면역 기능을 정상화시키기 때문에 암 예방에 탁월한 효과를 가지는 것으로 알려져 있다.

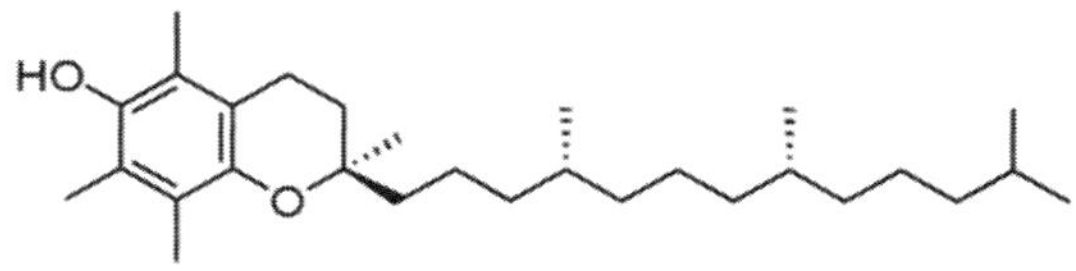

그림 3.2 비타민 E (토코페롤)

실험 03

레몬 스킨 만들기

QR 코드

실험 목표

- 레몬 E.O을 이용하여 친환경 레몬 스킨을 제조해 본다.
- 레몬 스킨의 제조 구성 성분을 이해한다.
- 레몬 스킨의 원리를 이해한다.

실험 방법

① 종이컵에 글리세린 5 mL, 올리브 리퀴드 1 mL, 천연비타민 E 0.5 mL, 자몽씨 추출물 0.5 mL, 레몬 E.O 1.0 mL를 부어 나무막대로 잘 저어준다.

② 용기에 든 정제수를 조금 부어 나무막대로 잘 저어준다.

③ 균일하게 섞인 용액을 스킨 용기에 담아 흔들어준다.

실험 TIP 등

➔ 컵과 용기는 알코올 솜을 이용하여 소독한 후 사용한다.
➔ 완성된 레몬 스킨을 손에 발라 본다.
➔ 약품의 양은 오차 범위 내에서 조절한다.

실험보고서

학과 　 학번 　 이름 　 일자 　 실험조

문제

3.1 레몬 스킨의 제조 원리는 무엇인가?

3.2 실험에서 오일 성분을 워터류에 첨가하여 가용화시키는 원료는 무엇인가?

3.3 실험에서 방부 역할을 하는 것은 무엇인가?

3.4 레몬의 효능에는 무엇이 있는가?

3.5 비타민 E를 사용하는 이유는 무엇인가?

심화학습

3.6 실험에 사용한 시약들에 대한 이름, 화학식, 구조, 특징과 기능에 대해 조사하시오.

3.7 개인적으로 만들어보고 싶은 스킨이 있다면 무엇이 있는지 쓰고, 그 이유에 대해서 생각하시오.

실험 04 모기퇴치 스프레이 만들기

1 배경지식 쌓기

(1) 모기퇴치제의 원리

모기는 평소에 이슬, 식물의 꿀, 수액을 먹고 살지만, 암컷의 산란 시기에는 흡혈하는 성질이 있다. 피를 빨아 먹을 때 피가 굳는 것을 방지하기 위해 먼저 항응고 물질을 분비하는데 우리 몸은 이 물질과 반응하여 가려움을 느끼게 된다. 물린 자리는 적혈구와 백혈구가 모이기 때문에 피부가 빨갛게 부풀어 올라서 우리를 괴롭게 한다. 요즘에는 모기의 접근을 막기 위하여 여러 종류의 모기퇴치제가 시판되고 있는데, 그것들은 모기가 기피하는 공통적인 어떤 성분을 이용한 것이다. 다음에서 그 원리를 살피고 실험을 통해 직접 만들어 보자.

이번 실험에서 사용하는 시트로넬라는 모기가 싫어하는 향으로 '구문초'라는 식물에서 얻는다. 고등식물은 물리적인 상처, 병원 미생물 감염, 해충의 상처 등으로부터 자신을 보호 혹은 예방하기 위하여 다양한 2차 대사산물을 생성하는데 그중에서 최근에 널리 알려진 물질이 테르페노이드이다. 구문초의 테르페노이드 성분은 모기가 싫어하는 성분으로 알려져 있다.

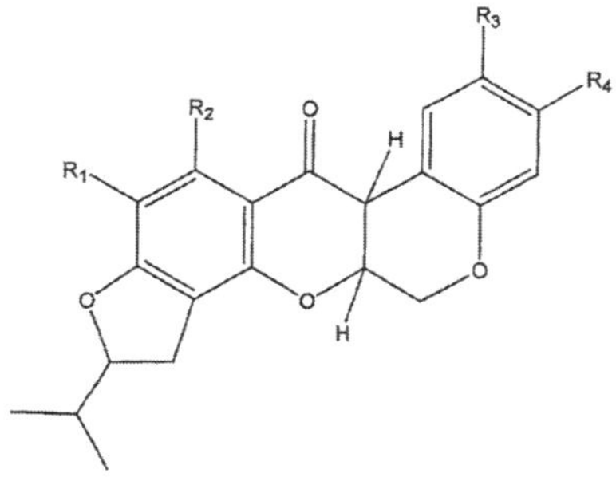

그림 4.1 구문초와 테르페노이드 화합물의 구조

모기퇴치제의 원리는 시트로넬라 향의 확산 현상에 기인한다. 확산은 액체나 기체에 다른 물질이 섞이고, 그것이 점점 번져나가며 최종적으로는 일정한 농도로 바뀌는 현상을 말한다. 예로 물속에 파란색 잉크가 떨어져 확산될 때 그 액체의 어느 부분을 떠보아도 파란빛으로 변해 있다는 점에서 잉크는 물속의 구석구석까지 번졌음을 알 수 있다. 기체는 액체보다도 더 빠른 확산 현상이 일어난다. 확산 속도는 분자의 질량이 작을수록, 온도가 높을수록 빨라진다. 기체만큼 빠르지는 않으나 확산은 액체에서도 볼 수 있으며, 또한 매우 느리지만 고체에서 일어나기도 한다. 확산을 설명할 때 열역학 제2법칙으로도 설명이 가능하다. 모든 자발적 과정은 우주 전체의 엔트로피(무질서도)가 증가하는 방향으로 일어난다.

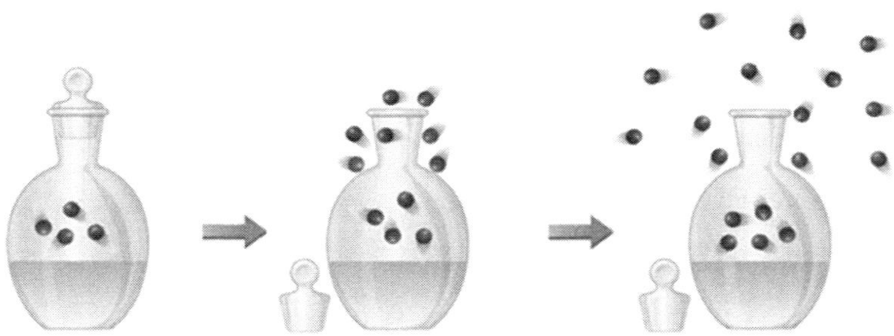

그림 4.2 확산

2 실험 재료 살펴보기

주요 구성 성분

- 모기퇴치 향: 시트로넬라
- 보습 성분: 글리세린
- 피부재생 : 로즈우드
- 기능성 향: 라벤더, 레몬그래스
- 발향 베이스 및 소독: 에탄올
- 용매: 정제수

◎ 기기 및 분석장비

- 마그네틱 바, 분무기, 스포이트, 비커, 점도계, pH 미터, Conductivity, ^{1}H NMR, SEM

(1) 시트로넬라 E.O

시트로넬라는 구문초에서 추출한 성분으로 벌레를 쫓아주고, 방부제 역할을 한다. 또한 살균제, 방취제 효능이 있는 것으로 잘 알려져 있다.

(2) 로즈우드 E.O

로즈우드는 중추 신경계를 안정시키는 작용을 하며 우울증을 개선하고 평온함을 준다. 면역체계를 활성화시키는 데 탁월한 효과가 있어 만성질환에 오랫동안 사용되어 왔다. 로즈우드는 미생물이나 바이러스 등을 막아 두통, 감기, 열, 감열증에도 효과가 있는 것으로 알려져 있다. 또한 로즈우드는 살균, 탈취 작용을 하고, 세포 재생 효과가 있어 상처 치료에도 효과적이다. 건성 피부나 민감성 피부, 염증이 있는 피부를 비롯해 주름 완화에 효과가 있어, 화장품 원료로 많이 사용된다. 모기퇴치제에는 신경안정과 피부재생의 목적으로 사용되고 있다.

(3) 라벤더 E.O

라벤더(Lavender)는 꿀풀과의 상록 여러해살이풀로, 지중해 연안이 원산지다. 허브차, 아로마테라피, 관상용으로 이용된다. 봄에 보라색이나 흰색 또는 분홍색의 꽃을 피운다. 색으로서 라벤더색이라고 할 때는 연보라색을 의미한다.

라벤더에는 진통, 정신 안정, 방충, 살균 등의 효과가 있다고 알려져 있다. 속명의 Lavandula는 "씻다"라는 뜻의 라틴어에서 유래하는데, 이것은 로마 사람들이 목욕이나 세탁시에 라벤더를 물에 넣는 것을 좋아했기 때문이다. 라벤더는 빈혈이나 불면증, 두통 그리고 신경통 등 주로 신경을 안정시키는 데 효능이 있어 스트레스 해소에 도움이 되며 목욕할 때의 향수로 로마시대부터 사용되었다. 이러한 이유로 모기퇴치제를 만들 때 신경안정과 방향제의 목적으로 사용되곤 한다.

(4) 레몬그래스 E.O

레몬그래스는 우리나라의 파처럼 생긴 풀로 레몬과는 근본적인 자생지부터 다르다. 이 풀을 뜯어서 마찰시키면 레몬 향이 난다. 향은 허브 느낌의 풀과 흐릿한 시트러스(감귤) 향이 혼합된 느낌으로 주 용도가 향신료인 만큼 음식을 통해 한 번은 접해봤을 친숙한 향이다. 진통, 항우울, 항미생물, 방부, 수렴, 탈취, 항진균, 살충, 공기정화, 소화불량, 위장염 완화, 정신집중, 염좌, 타박상에 효과가 있다고 알려져 있다.

레몬그래스 E.O는 레몬그래스의 잎을 수증기 증류법에 의해 추출한다. 기본적인 특성으로는 옅은 노란색에서 미세한 갈색의 액체이며, 풀과 시트러스(감귤과) 향이 난다. 이 또한 모기퇴치제에서의 사용 목적은 라벤더 E.O와 같다.

(5) 에탄올

에탄올(ethanol) 또는 에틸 알코올(ethyl alcohol)은 무색의 가연성 화합물로 알코올의 한 종류이며, 술의 주성분이다. 화학식은 C_2H_5OH로 물 또는 에터와 섞일 수 있다. 에탄올은 알코올성 음료 산업의 기반이며, 공업적으로 여러 공정에 개입되며, 용매, 소독제, 연료 등으로 많이 사용된다. 특히 에탄올은 모기퇴치제 용액의 표면 장력을 낮춰주어 스프레이 노즐 부분에서의 원활한 분무를 가능하게 하는 역할을 한다.

실험 04

모기퇴치 스프레이 만들기

QR 코드

실험 목표

- 모기가 싫어하는 향을 넣어 스프레이 용액을 만들어 본다.
- 모기퇴치 스프레이의 구성 성분을 이해한다.
- 모기퇴치 스프레이의 기능과 특징을 알아본다.

실험 방법

① 컵에 에탄올 9 g와 증류수 12 g을 넣는다.
② ①의 컵의 향 오일을 넣고 막대로 섞는다.
③ ②의 혼합 용액을 분무기에 담는다.
④ 완성된 분무기를 사용 전 가볍게 흔들어 옷이나 피부에 뿌린다.

실험 TIP 등

- 비커와 용기는 알코올 솜을 이용하여 소독한 후 사용한다.
- 약품의 양은 오차 범위 내에서 조절한다.

실험보고서

학과 학번 이름 일자 실험조

문제

4.1 실험을 통해 만든 모기퇴치 스프레이를 뿌리면 어떤 현상이 일어나는가?

4.2 모기가 사람의 피를 빨아먹는 이유는 무엇인가?

4.3 모기나 벌레가 싫어하는 향으로 구문초라는 식물에서 얻는 물질은 무엇인가?

4.4 레몬그래스 E.O를 어떤 방법을 이용하여 추출하는지 설명하시오.

심화학습

4.5 실험에 사용한 시약들에 대한 이름, 화학식, 구조, 특징과 기능에 대해 조사하시오.

4.6 모기퇴치 스프레이와 기존에 사용되고 있는 에프킬라의 차이점에 대해서 논의하시오.

실험 05 허브 향수 만들기

1 배경지식 쌓기

(1) 향수의 기원

향수는 인류가 최초로 사용한 화장품이라고 볼 수 있다. 그 기원은 약 5000년 전으로 거슬러 올라가는데 고대인들이 종교적 의식에 사용한 것으로부터 시작되었다. 향수 산업이 본격적으로 발전한 것은 17세기에 들어서인데, 이 당시에는 주로 악취를 없애기 위한 목적이었다. 이후 귀족 계층을 중심으로 꾸준히 사용되다가 산업화를 거치고 합성 원료가 등장함으로써 대중화가 이루어졌다.

(2) 향수의 원리

향수를 뿌리면 향수의 향은 공기 분자를 타고 전체로 확산된다. 이때 에탄올은 기화되어 날아가는데, 이와 같이 향(냄새 분자들)은 공기 분자를 타고 퍼진다.

공기 분자는 뜨거운 온도에서 활발히 운동하며 빠르게 냄새를 확산시킨다. 반면 차가운 온도에서는 공기 분자들이 모여 있어 향의 확산이 느려진다. 그래서 향수는 우리 몸에서 맥박이 뛰는 부분, 즉 귀 뒤, 손목, 관자놀이, 팔꿈치 안쪽 등에 주로 사용한다. 이 부분은 신체의 다른 부위보다 온도가 높아 향의 확산을 빠르게 한다.

2 실험 재료 살펴보기

주요 구성 성분

- 허브향: 허브향 오일
- 확산 보조제: 에탄올

- 용제: 정제수
- 용매: 정제수

기기 및 분석장비

- 마그네틱 바, 분무기, 스포이트, 비커, 점도계, pH 미터, Conductivity, ^{1}H NMR, SEM

다음으로는 허브 향수에 쓰이는 재료 중 몇 가지의 특성을 살펴보자.

(1) 로즈마리

로즈마리는 민트와 같은 과에 속하는 것으로 지중해 연안이 원산지인 허브이며 푸른 잎과 특유의 향을 가지고 있다. 꽃은 겨울과 봄에 피며 색깔은 흰색, 분홍색, 자주색, 푸른색 등이 있다. 특히, 로즈마리는 두통을 완화시키고, 벌레를 쫓아주고, 집중력을 길러주며, 비린내 등의 냄새를 제거해준다고 알려져 있다.

(2) 페퍼민트

페퍼민트는 다량의 멘톨이 함유되어 있는 특유의 향을 낸다. 페퍼민트향은 차, 아이스크림, 과자, 껌, 치약, 담배 등에 이용된다. 박하에서 얻은 기름에는 멘톨과 멘틸 에스터가 함유되어 있어 이를 이용하여 샴푸와 비누 등에 사용한다. 이 외에도 건강에 유효한 성분으로 망가니즈, 비타민 C, 비타민 A 등이 함유되어 있다. 한방에서는 박하잎을 말려, 발한, 해열, 진통, 건위, 해독제나 초기 감기, 두통, 인후통, 피부병 등의 치료에 광범위하게 사용된다. 잎에는 정유 1.5 %, 타닌 약 10 % 정도가 포함되어 있다. 또, 유럽에서는 양박하의 잎을 이담, 구풍, 진통, 진정제로서 위경련, 위산과다증, 소화불량, 설사 등의 치료에 사용한다. 치과에서 입을 헹굴 때 사용하는 물에 박하기름을 타는데, 그 향으로 입속의 악취를 제거할 뿐 아니라, 멘톨이 지니는 국소마비, 살균, 방부 작용을 이용한 것이다.

(3) 스피어민트

스피어민트는 박하속에 속하는 종의 하나로, 높이는 60 cm 정도이며 잎은 긴 피침모양이다. 여름에서 가을에 걸쳐 연보라색 꽃이삭이 핀다. 정유 성분을 뽑기 위하여 재배하여 음식, 껌 등에 향미료로 넣는다. 박하와 비슷한 식물이지만 주요 성분이 멘톨인 점이 다르다. 유럽이 원산지이지만, 아시아의 중동, 히말라야, 중국 등 수많은 지역에 자생하며 아프리카 북서부, 북아메리카, 남아메리카, 다양한 해안섬의 일부 지역에서도 볼 수 있다. 치약에도 사용하고 담배 냄새를 없애는 향유의 원료로도 사용된다. 방향제나 방충제로도 많이 사용되고 있다.

실험 05

허브 향수 만들기

QR 코드

실험 목표

- 천연 허브를 이용하여 어떻게 향수가 만들어지는지 알아본다.
- 향수의 구성 성분을 이해한다.
- 향수의 기능과 특징을 알아본다.

실험 방법

① 컵에 에탄올 12 mL와 정제수 10 mL를 넣는다.

② ①의 컵에 향 오일을 몇 방울 정도 넣고 막대로 섞는다.

③ ②의 혼합 용액을 분무기에 담는다.

④ 완성된 허브 향수를 손목이나 귓불 등에 뿌린다.

실험 TIP 등

➔ 비커와 용기는 알코올 솜을 이용하여 소독한 후 사용한다.

➔ 약품의 양은 오차 범위 내에서 조절한다.

실험보고서

학과 | 학번 | 이름 | 일자 | 실험조

문제

5.1 향수를 뿌리면 조금 떨어진 곳에서도 향이 나는 것을 알 수 있는데, 그 이유는 무슨 현상 때문인가?

5.2 손목이나 귓불 등에 향수를 뿌리는 이유는 무엇인가?

심화학습

5.3 실험에 사용한 시약들에 대한 이름, 화학식, 구조, 특징과 기능에 대해 조사하시오.

5.4 확산을 빠르게 하기 위해서는 어떤 방법이 있는지 조사하시오.

실험 06 천연 샴푸 만들기

1 배경지식 쌓기

(1) 머리카락과 샴푸

머리카락은 단백질의 일종인 케라틴(keratin)으로 이루어져 있다. 케라틴 단백질은 폴리펩타이드로 이루어져 있으며 나선형의 구조 형태로 조합되어 있다. 머리카락은 모간과 모낭으로 구성되어 있으며, 개인에 따라 곱슬거리는 정도나 색깔이 다르고, 간혹 탈모 증상이 일어나는 사람도 있다. 머리카락의 성장 속도는 인종에 따라 다르다. 동양인의 경우 하루 평균 0.3 mm가 자라는 것으로 알려져 있다.

이러한 머리카락을 씻기 위해 쓰는 세척제를 샴푸라고 한다. 빛나는 머릿결을 유지하기 위해서는 샴푸를 이용하여 두피 깊숙한 곳을 손가락으로 천천히 마사지하고, 두피에 고루고루 샴푸를 발라주어야 한다.

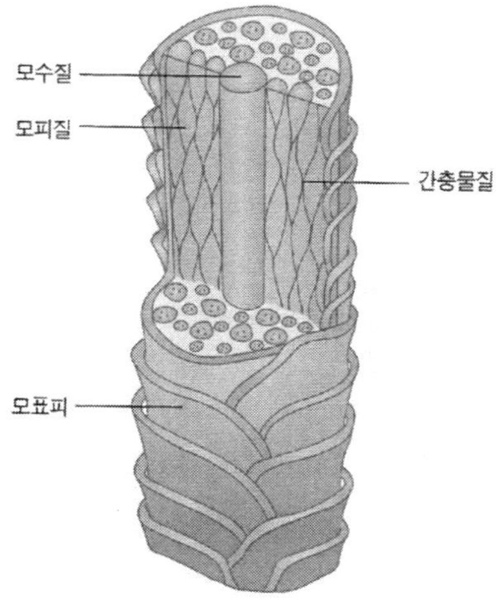

그림 6.1 머리카락 구조

머리카락의 단면은 대부분을 차지하는 피질 형태의 모피질이 있고, 그 중심에 모수질이 있으며, 모수질의 바깥쪽에는 비늘 형태로 둘러싸고 있는 모표피의 3개의 층으로 구성되어 있다. 이러한 피질 세포와 피질 세포 사이 등 모든 공간을 메우고 있는 물질을 매트릭스라고 하며 일종의 시멘트와 같은 역할을 한다. 고분자가 불규칙하며 복잡한 상태로 배열된 비결정 영역에 속한다. 머리카락 구조는 시스테인(아미노산) 양에 의해 결정된다. 시스테인은 많은 단백질에 소량으로나마 자연적으로 존재하는 황 함유 아미노산이다. 시스테인은 20개의 기본 아미노산 중에서 유일하게 싸이올기(-SH)를 포함하고 있다. 따라서 머리카락은 이황화 결합을 통해 머리카락의 딱딱한 정도를 결정한다.

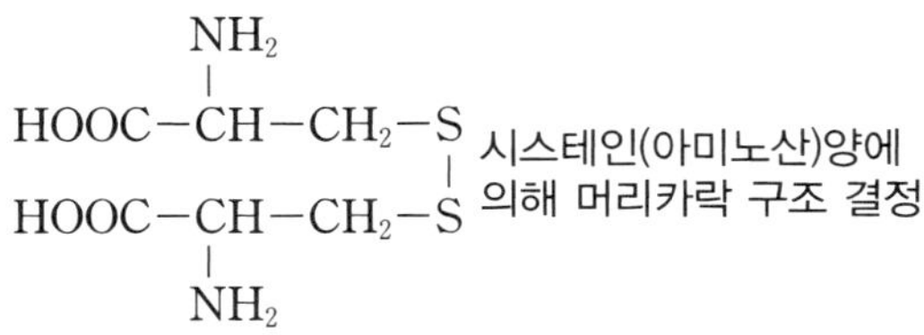

시스테인

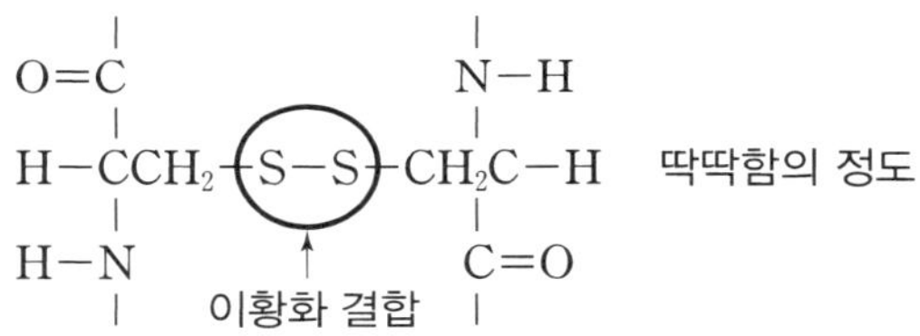

그림 6.2 시스테인과 이황화 결합

(2) 천연 샴푸의 원리

물(-)과 기름(+)을 섞으려 해도 물은 아래로 가라앉고 기름은 위로 뜬다. 그 사이에 생기는 경계를 '계면'이라고 하여 이렇게 수분과 유분, 두 개가 상태를 한데 섞어 활성화시키는 성분을 '계면활성제'라고 한다. 샴푸와 같은 세정제는 모발의 기름과 때(양이온)를 제거하는 음이온 역할을 담당한다. 샴푸는 거품이 많이 생기는데 오염 물질을 제거하는 것이 주목적이기 때문에 제품을 바르는 표면적이 넓으면 넓을수록 효과가 커짐을 의도한 것이다. 또한 기포는 곳곳의 때를 밀어내는 힘이 물보다 크다. 따라서 세제의 양을 줄여 주고 때를 더 잘 뺄 수 있는 과학적인 방법은 거품을 크고 강하게 만드는 것이다.

머리카락 섬유 강도는 약산성일 때 가장 크며 pH가 4~6일 때 가장 좋다. 샴푸가 산성일 때 겉부분을 이루고 있는 층이 고르게 정돈되어 머리카락이 윤기 있어 보이게 된다. 그러나 기존에 판매되는 샴푸의 pH는 대부분 10 이상의 염기성을 나타내어, 사용 시 모발이 점점 약해지는 문제점이 있다.

수소 이온 농도 지수(pH) 또는 산도는 화학에서 물질의 산성, 염기성의 정도를 나타내는 수치로 사용되며 수소 이온의 해리 농도를 로그의 역수를 취해 나타낸 값으로 수소 이온(H^+) 활동도의 척도이다. 따라서 산성도(acidity), 염기성도(alkalinity)의 척도로도 사용할 수 있다. 일반적으로 pH가 7보다 낮으면 산성, 7보다 높으면 염기성이라고 한다. 대부분의 물질은 pH 0에서 14의 값을 가지지만, pH < 0, pH > 14의 값을 가지는 물질도 있다.

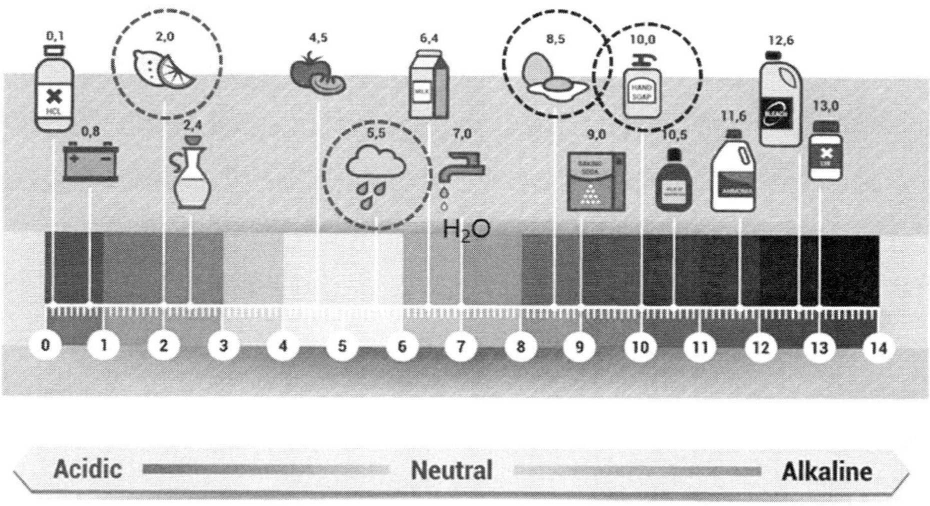

그림 6.3 pH를 나타내는 물질들

(3) 모발의 미용

퍼머넌트 웨이브(파마)는 머리에 헤어드라이어를 이용한 일시적인 웨이브와는 다르게 머리를 감아도 반영구적으로 형태가 유지되는 웨이브라는 의미로 생겨난 말이다. 일반적인 경우는 화학적인 작용을 가진 화학약품을 사용하며 모발에서 이황화 결합의 산화·환원 반응을 의도적으로 일으키는 것으로 모발의 구조나 형태를 변화시킨 후 다시 고정시키는 것을 말한다. 그러나 태어나서부터 웨이브가 있는 경우는 파마라고 하지 않고 곱슬머리라고 한다. 또한 요즘은 디지털 파마나 볼륨 파마 등 파마의 종류도 점점 다양해지고 있다.

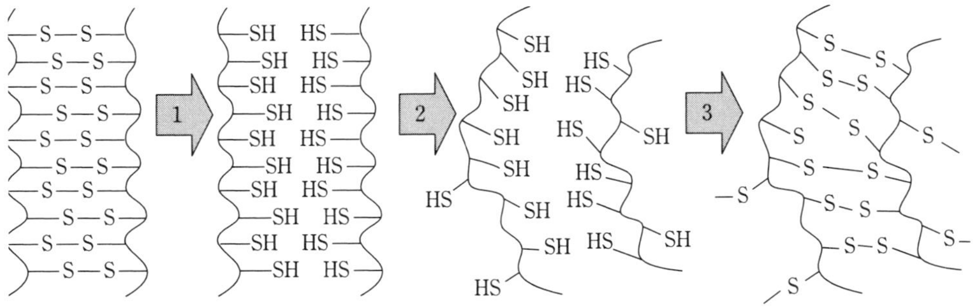

그림 6.4 파마의 원리(화학약품 처리)

샴푸(shampoo)는 머리카락과 두피를 깨끗이 하는 기름의 작은 방울로서 세제의 일종이다. 제형에 따른 분류로 액상 샴푸, 고형 샴푸, 스프레이 샴푸로 나뉘는데, 보통 샴푸라고 하면 액상 샴푸를 말한다. 기름의 작은 방울들이 액체 속에 분산되어 혼합되어 있으며 거품을 일으킨 다음 물로 씻는다. 머리를 감을 때에는 작은 거품이 마찰을 줄여 머리카락끼리의 마찰을 막고 단백질과 지방을 분해하는 물질이 염기성인 수산화 소듐과 중성을 이루어 손상을 막는다. 일반적인 샴푸는 '합성 계면활성제'를 사용하는데 이는 두피의 노화를 가져와 얼굴의 노화로 이어진다. 최근에는 두피 노화를 줄이기 위해서는 '천연 계면활성제'가 들어 있는 샴푸를 사용하기도 하고, 탈모방지를 위해, '탈모방지 샴푸' 등을 사용하기도 한다.

(4) 계면활성제

계면활성제는 물에 녹기 쉬운 친수성 부분과 기름에 녹기 쉬운 소수성 부분을 함께 가지고 있는 화합물이다. 이런 성질 때문에 비누나 세제 등으로 많이 활용되어 왔다. 계면활성제는 어떤 물질이 용액에 소량 첨가될 때 그 용액이 접촉하고 있는 기체-액체, 고체-액체의 경계면에 배향 흡착되어 각각의 계면 에너지를 현저히 감소시킴으로써 습윤, 유화, 분산, 발포, 가용화, 세정, 윤활과 같은 작용을 하게 된다. 특히, 오염 물질을 흡착하여 물 쪽으로 배열시키는 계면활성제의 친유기·친수기 성질이 섬유 또는 그릇으로부터 오염 물질을 제거하는 작용을 한다. 쉽게 설명하자면, 계면활성제란 물속에서 때와 기름과 같은 것들을 거품(마이셀 구조 형성)으로 만들어 떨어지게 함으로써 세척이 잘 되게 하는 화학 성분이라고 할 수 있다.

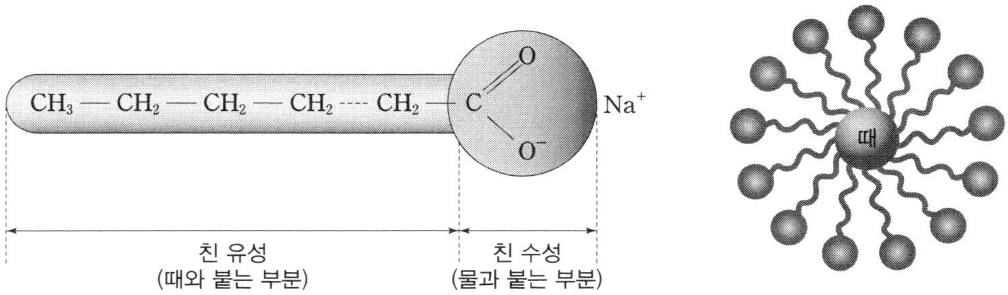

그림 6.5 계면활성제 구조

2 실험 재료 살펴보기

주요 구성 성분

- 계면활성제: 샴푸 베이스
- 방부제: 자몽 추출물
- 오일 성분: 향료
- 용제: 정제수, 에탄올

기기 및 분석장비

- 마그네틱 바, 샴푸 용기, 스포이트, 비커, 점도계, pH 시험지 및 변화표, pH 미터, Conductivity, ^{1}H NMR, SEM

실험 06

천연 샴푸 만들기

QR 코드

실험 목표

- 천연재료를 이용하여 천연 샴푸를 만들어 본다.
- 샴푸의 제조 구성 성분의 이해 및 세정원리를 이해한다.
- 계면활성제의 역할을 이해한다.

실험 방법

① 샴푸베이스 20 mL를 투명 컵에 넣는다.
② ①의 컵에 천연추출물(자몽 추출물) 5 mL를 넣는다.
③ ②의 컵에 향료 1 mL를 넣고 막대로 잘 섞는다.
④ 빈 용기에 에탄올을 넣고 두껑을 닫고 흔들어 골고루 소독한 후 버린다.
⑤ 소독된 용기에 샴푸를 넣고 스티커를 붙인다(자기만의 브랜드명을 넣는다).
⑥ 컵에 남아 있는 샴푸에 물을 조금 붓고 막대로 섞는다.
⑦ pH 시험지의 양 끝에 물과 ⑥의 샴푸액을 묻히고 각각 pH의 색 변화를 비교한다.
⑧ 완성된 샴푸를 손에 덜어 물로 씻는다.

실험 TIP 등

➔ 비커와 용기는 알코올 솜을 이용하여 소독한 후 사용한다.
➔ 약품의 양은 오차 범위 내에서 조절한다.

실험보고서

학과 학번 이름 일자 실험조

문제

6.1 완성된 샴푸액과 물의 pH 시험지 테스트 결과값을 쓰시오.

6.2 샴푸가 오염된 모발을 깨끗하게 하는 원리는 무엇인가?

6.3 머리카락 섬유의 강도와 윤기는 pH가 어떤 범위일 때 가장 좋은가?

심화학습

6.4 실험에 사용한 시약들에 대한 이름, 화학식, 구조, 특징과 기능에 대해 조사하시오.

6.5 시중에 판매하고 있는 샴푸와 pH를 비교해 보고, 천연 샴푸와 합성 샴푸의 장단점에 대해서 논의하시오.

실험 07 바디 폼클렌저 만들기

1 배경지식 쌓기

(1) 피부에 대한 화학, 계면활성제, 에멀션

실험 01 핸드크림 만들기-배경지식 쌓기 내용 참조

(2) 바디클렌저

바디워시는 몸을 뜻하는 Body와 "닦다"라는 뜻을 가지는 Wash의 합성어이다. 샤워를 할 때 몸을 씻어내는 용도의 액체형 클렌저(비누)의 일종이다. 바디워시 또는 바디클렌저라고도 한다.

일종의 물비누라고 할 수 있는데, 비누와의 차이점은 보습 성분이 함유되어 있어 피부의 보습을 유지할 수 있다는 것이다. 또한 약간의 점도가 있는 액체형으로 되어 있어 샤워타올에 묻혀 몸에 문질러서 거품을 내기도 쉽다. 바디워시의 성분은 인체에 맞는 pH로 만들어져 있어 피부를 더 촉촉하게 해준다. 피부가 약하거나 건조한 사람들이 샤워할 때 자주 사용하는 제품이다. 특히 자주 씻어야 하는 더운 여름철에는 피부가 건조해지기 쉬운데 바디워시를 사용하면 적합하다. 만약에 민감성 피부를 가졌다면 무향으로 된 민감성 피부용 바디워시를 사용하면 도움이 된다.

(3) 마이셀(micelle) 구조

계면활성제의 한 종류인 비누 분자는 물과 잘 섞이는 친수성 부분과 물 분자와 잘 섞이지 않는 소수성 부분으로 나눌 수 있다. 비누를 물에 조금씩 첨가하면 초기에는 대부분의 비누 분자들이 물 표면에 위치하지만, 비누 분자를 계속 첨가하면 물 표면에 비누 분자가 포화된 이후에 물 내부로 들어가 구 형태의 마이셀 구조를 형성한다.

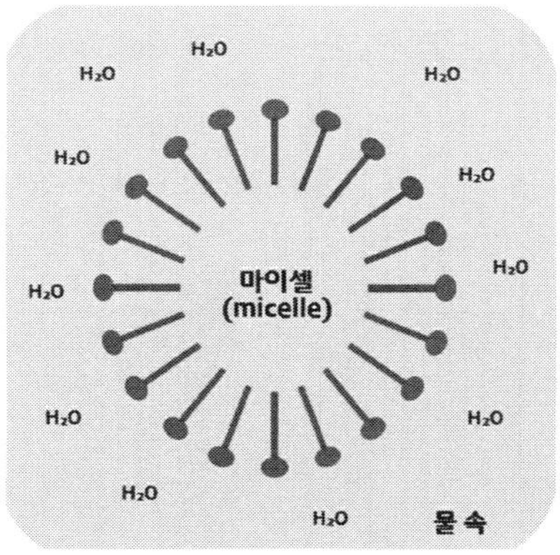

그림 7.1 마이셀 구조

마이셀 구조가 물 내부에서 형성될 때, 기름과 같이 소수성 물질은 마이셀의 안쪽 부분에 위치하게 되어 안정화되고 반대로 바깥쪽 부분은 물에 녹게 된다. 이를 용해화라고 하며 세제 작용의 기본 원리가 된다.

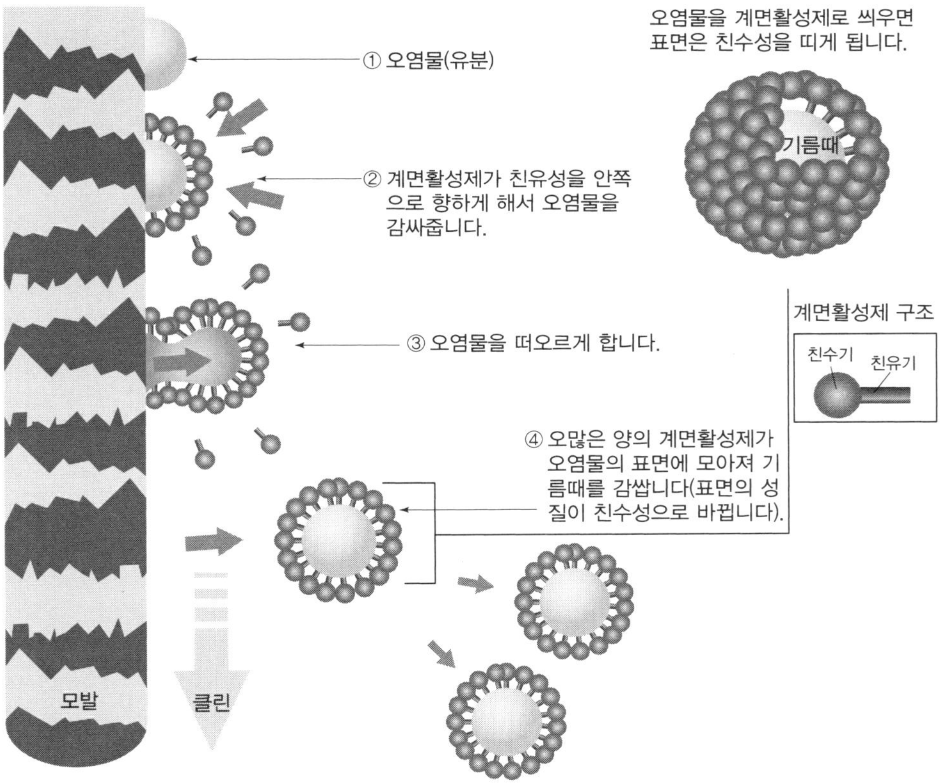

그림 7.2 기름때가 제거되는 원리

2 실험 재료 살펴보기

주요 구성 성분

- 친환경 계면활성제: 애플워시
- 친환경 계면활성제 및 거품 보조제: 코코베타인
- 피부 보호제: 황금 추출물
- 천연 방부제: 자몽 추출물
- 피부 진정: 라벤더워터
- 항료

기기 및 분석장비

- 스프레이 용기, 배합 용기

(1) 자몽 추출물

실험 01 핸드크림 만들기-실험 재료 살펴보기 내용 참조

(2) 애플워시

애플워시는 사과쥬스의 단백질에서 유래된 저자극성 계면활성제로 음이온 계면활성제이기도 하다. 이 계면활성제는 피부 자극이 없는 순한 성질로 민감성 피부, 아기피부, 아토피 피부 등에 좋은 성분으로 알려져 있다. 또한 피부 단백질을 변성시키지 않으며, 피부 각질 방어체계에 영향을 미치지 않는 것으로 알려져 있다. 생산자 입장에서는 고가의 비용이 단점이지만 거품 밀도가 높으며 방부제 없이 그 자체로 보존상에 문제가 없는 것이 장점이다.

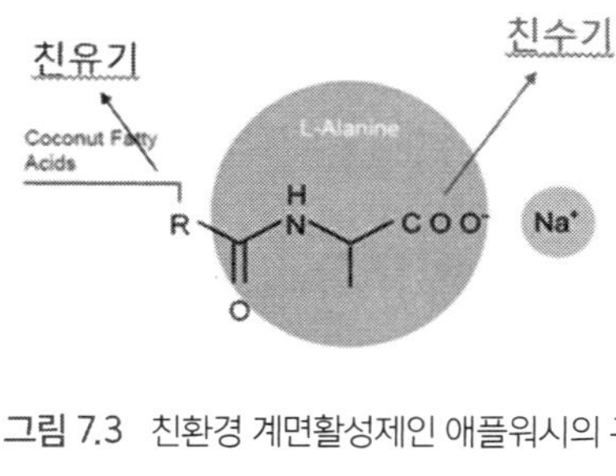

그림 7.3 친환경 계면활성제인 애플워시의 구조

(3) 코코베타인

코코베타인은 천연계면활성제 및 거품 보조제로서 양쪽성 계면활성제이다. 샴푸류에 광범위하게 사용되는 최고의 계면활성제로서 넓은 pH에서 안정하며 우수한 세정력, 기포력, 증점력, 컨디셔닝 효과를 동시에 가지고 있다.

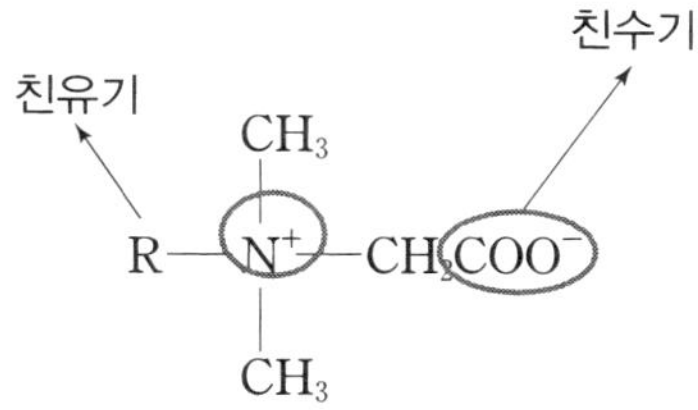

그림 7.4 코코베타인의 구조

(4) 황금 추출물

황금 추출물은 피부 컨디셔닝제 및 피부 진정제로 사용되는 물질로 꿀풀과의 다년생 약초인 황금에서 추출한 천연 성분이다. 한의학에서는 열을 내리고 체온을 조절하는 용도로 사용되어 왔다.

높은 항산화 효능으로 인해 각종 유해산소로부터 피부를 효과적으로 보호할 뿐 아니라 피부 진정 효과도 뛰어나다. 또한 감염이 심한 트러블 질환에도 효과가 좋다고 알려져 있다.

(5) 라벤더 워터

라벤더 오일처럼 다양하게 사용되는 워터로 모든 피부에 사용할 수 있는 장점이 있다. 특히 피부 진정 효과가 뛰어나 햇빛에 그을린 피부나 면도 후 손상된 피부를 진정시키는 데 탁월한 효과를 가지고 있다. 또한 라벤더 워터는 피부 진정제로 사용되며 에센셜 오일을 증류 추출하는 과정에서 얻어지는 수용성 물질인 하이드로졸을 일컫는 말로, 허브를 수증기 증류법으로 추출하면서 자연적으로 생기는 부산물이다. 건조할 때 토너처럼 수시로 뿌려주면 지친 피부에 생기를 불어 넣어준다. 가장 많이 사용되는 것으로는 라벤더, 로즈, 카모마일, 위치하젤 워터 등이 있다.

실험 07

바디 폼클렌저 만들기

QR 코드

실험 목표

• 애플워시와 코코베타인을 이용하여 친환경 바디 폼 클렌저를 만들어 본다.
• 바디 폼클렌저의 원리를 이해한다.

실험 방법

① 컵에 애플워시 15 g과 코코베타인 5 g을 컵에 넣는다.
② ①의 비커에 라벤더 워터 15 g과 향료를 넣는다.
③ ②의 비커에 황금 추출물 1.3 g과 자몽 추출물 0.3 g을 넣는다.
④ 막대로 균일하게 섞이도록 잘 젓는다.
⑤ 소독된 용기에 만든 액체를 담는다.

실험 TIP 등

➔ 컵과 용기는 알코올 솜을 이용하여 소독한 후 사용하도록 한다.
➔ 완성된 바디 폼클렌저를 손에 바른다.

실험보고서

학과 | 학번 | 이름 | 일자 | 실험조

문제

7.1 바디 폼클렌저(액체 비누)의 세정 원리는 계면활성제가 물속에서 어떤 구조를 형성하기 때문인가요?

7.2 실험에서 계면활성제 역할을 하며, 거품을 일으키는 것은 무엇인가?

7.3 실험에서 방부 역할을 하는 것은 무엇인가?

심화학습

7.4 실험에 사용한 시약들에 대한 이름, 화학식, 구조, 특징과 기능에 대해 조사하시오.

7.4 시중에 판매되는 바디 폼클렌저 제품이 있다면 무엇이 있는지 쓰고, 각각의 성분들을 조사하시오.

실험 08 립글로스 만들기

1 배경지식 쌓기

(1) 입술

입술이란 인간이나 여러 동물들 입의 가장 바깥 부분에 노출된 신체기관이다. 주로 음식을 먹을 때 사용하지만, 촉각을 느낄 수도 있으며 말을 할 때 조음기관으로서 사용되기도 한다. 그러나 입술은 수분이 증발하여 건조해지기 쉬우며 이로 인해 입술이 찢어져서 피가 날 수 있어 보습을 충분히 해주어야 한다.

(2) 립스틱

립스틱은 입술에 색조와 질감을 주기 위해서 바르는 화장품의 일종으로 안료, 기름, 왁스, 연화제 등이 원료로 사용된다.

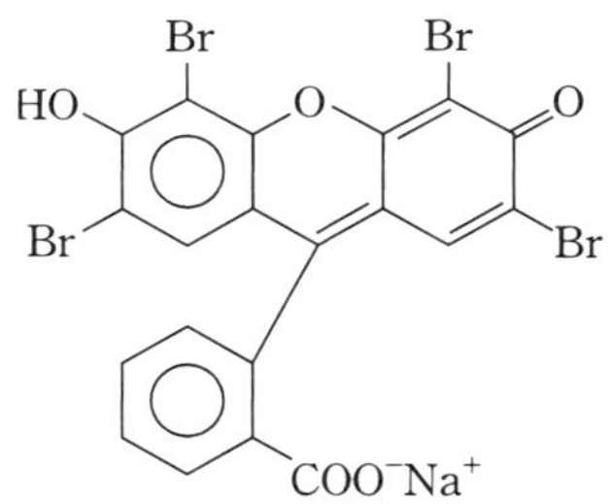

사브로모푸르오레세인(에오신) 소듐

그림 8.1 립스틱 염료

(3) 립글로스

립글로스는 입술에 윤기를 주는 화장품으로서 건조한 입술을 보호하는 기능을 한다. 립글로스가 입술을 보호하는 원리는 기름 성분이 물 성분의 증발을 막아주는 보호막 작용으로 설명할 수 있다.

물 분자는 극성 분자이고 기름은 비극성 분자이기 때문에 서로 섞이지 않는다. 이 두 물질의 차이를 무너트린다면 두 성분은 섞일 수 있는데, 이때 사용하는 것이 바로 계면 활성제이다.

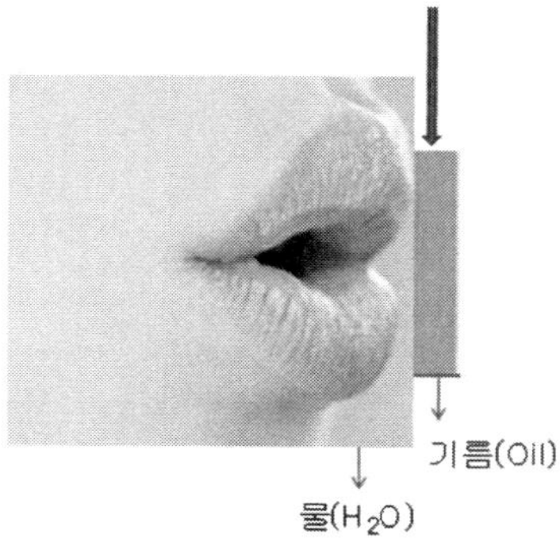

그림 8.2 보호막 작용

2 실험 재료 살펴보기

주요 구성 성분

- 밀랍
- 올리브 오일
- 향료

기기 및 분석장비

- 막대, 종이컵, 뜨거운 물(가열장치), 립글로스 용기

(1) 밀랍

밀랍은 벌집의 주성분을 이루는데, 꿀을 채취한 뒤 남은 벌집 찌꺼기에 열을 가해 눌러 짜내거나 다른 약품으로 녹여 얻는다. 밀랍은 비즈왁스라고도 하며, 표백한 것은 화이트 왁스, 표백하지 않은 것은 옐로우 왁스라고 한다. 본 실험에서 사용된 밀랍은 립글로스의 모형 제조 목적으로 사용되며 벌꿀의 벌집에서 얻은 정제된 왁스이다. 따라서

피부에 코팅막을 형성하여 피부가 수분을 빼앗겨 건조하지 않도록 예방을 유지하는 데 도움을 준다. 화학 방부제를 사용하지 않는 화장품의 천연 식물 제품 연정화 용도로도 사용된다. 또한 밀랍은 립글로스 원료 외에도 과자를 만들거나 의약품의 기초제 및 화장품과 모형 제조 등에 사용되며, 전기 절연체, 광택제, 방수제, 양초 등의 원료로도 사용된다.

실험 08

립글로스 만들기

QR 코드

실험 목표

- 입술의 립글로스는 어떻게 만들어지는지 알아본다.
- 립글로스의 제조 구성 성분을 이해한다.

실험 방법

① 은박 컵에 밀랍 2 g을 넣는다.

② 큰 컵에 뜨거운 물을 담고, 밀랍을 중탕으로 녹인다.
(물이 식으면 중간에 뜨거운 물을 바꿔 준다.)

③ 밀랍이 녹으면 올리브 오일 10 mL를 넣고 젓는다.

④ 액체 상태의 용액에 향료를 몇 방울 넣고 잘 섞이도록 젓는다.

⑤ 완성된 액체를 용기에 담아 식혀 준다.

⑥ 용기가 완전히 굳으면 입술에 발라 본다.
(액체 파라핀에 속까지 완전히 굳은 다음에 사용해야 한다.)

실험 TIP 등

실험보고서

학과 | 학번 | 이름 | 일자 | 실험조

문제

8.1 밀랍이란 무엇이며 주로 어디에 쓰이는가?

8.2 립글로스는 어떤 역할을 하는가?

심화학습

8.3 실험에 사용한 시약들에 대한 이름, 화학식, 구조, 특징과 기능에 대해 조사하시오.

8.4 시중에 판매되는 립글로스 제품이 있다면 무엇이 있는지 쓰고, 각각의 성분들을 조사하시오.

실험 09 고체 향수 만들기

1 배경지식 쌓기

(1) 향수

향수는 향료를 알코올 등 휘발성 물질에 녹여 희석한 화장품이다. 향을 내는 물질은 다양하게 존재한다. 그중에서 시비톤은 궁노루가 이성을 유혹할 때 분비되는 분비물로 풀 냄새와 꽃향기의 유쾌한 향이 나는 특징을 가지고 있다. 또한 제라니올이라는 물질은 폼산과 만나면 폼산제라니올을 형성하여 장미향을 내는 특징을 가지고 있다.

(2) 확산

실험 04 모기퇴치 스프레이 만들기-배경지식 쌓기 내용 참조

(3) 향수의 원리

실험 05 허브 향수 만들기-배경지식 쌓기 내용 참조

2 실험 재료 살펴보기

주요 구성 성분

- 아보카도 오일
- 밀랍
- 코코넛 오일
- 허브향 오일
- 비타민 E

표 9.1 제조 성분 특징 및 함량

특징	성분	함량
낮은 산패도, 중간 퍼짐성	아보카도 오일	2.5 g (23.1%)
고체화	정제 밀랍	5 g (46.3%)
가벼움, 오일리하지 않음, 높은 녹는점, 높은 퍼짐성	코코넛 오일	2.5 g (23.1%)
가벼움, 상쾌함, 정신 안정	25 자몽 E.O	0.8 ml (7.4%)
자극성 낮음, 항우울 작용	3 로즈우드 E.O	
항균 작용, 소화불량 완화, 기침 억제	1 레몬그래스 E.O	
심적 안정, 소화불량 완화	1 라벤더 E.O	
항산화제	비타민 E	1방울
total		10.8 g (100%)

기기 및 분석장비

- 고체 향수 용기, 은박 컵, 가열장치, 막대

(1) 밀랍

실험 08 립글로스 만들기-배경지식 쌓기 내용 참조

실험 09

고체 향수 만들기

QR 코드

실험 목표

- 천연 허브를 이용하여 어떻게 고체 향수가 만들어지는지 알아본다.
- 고체 향수의 제조 구성 성분을 이해한다.
- 고체 향수의 기능과 특징을 알아본다.

실험 방법

① 정제 밀랍 5 g을 은박 컵에 넣고 가열장치를 사용해서 녹인다.

② 밀랍이 녹으면 아보카도 오일 2.5 g 과 코코넛 오일 2.5 g을 넣고 잘 섞는다.

③ 향료 0.8 mL (자몽 25 : 로즈우드 3 : 레몬그래스 1 : 라벤더 1)와 비타민 E를 넣어준다.

④ 잘 섞어서 굳힌다.

⑤ 손목이나 귓불 등에 완성한 고체 향수를 발라 본다.

실험 TIP 등

실험보고서

학과   학번   이름   일자   실험조

문제

9.1 향수를 바르면 조금 떨어진 곳에서도 향이 나는 것을 알 수 있는 이유는 무엇인가?

9.2 손목이나 귓불 등에 향수를 사용하는 이유는 무엇인가?

심화학습

9.3 실험에 사용한 시약들에 대한 이름, 화학식, 구조, 특징과 기능에 대해 조사하시오.

9.4 시중에 판매되는 고체 향수 제품이 있다면 무엇이 있는지 쓰고, 각각의 성분들을 조사해 보시오.

실험 10 모이스처라이징 로션바 만들기

1 배경지식 쌓기

(1) 피부

실험 01 핸드크림 만들기-배경지식 쌓기 내용 참조

피부의 표면은 기본적으로 죽은 세포들로 이루어져 있으며, 아래층의 피부 세포를 보호하는 역할을 한다. 이러한 역할을 위해서 표면층은 수분(유분)을 지니고 있어야 한다.

(2) 모이스처라이징 로션바의 필요성

피부는 수분을 유지하기 위해서는 자연적으로 유분을 분비하며, 외부의 자극물들이 피부 속으로 침투하지 못하도록 한다. 그러나 외부에서 접하게 되는 각종 물리·화학적 유해 물질들과 지속적인 세정제(비누 등)의 사용이 피부 표면층의 보호막인 유분을 제거시킨다. 그러므로 외부로부터 피부를 보호하기 위해서는 반드시 피부 보호제가 필요하게 된다. 또한 기존의 방식대로 로션을 계속 사용하면 피부 자연의 유분과 수분의 분비 기능이 떨어지게 되는데, 기존에 사용하는 보호제는 화학 성분을 기반으로 손, 발 등 국소적인 피부에만 사용할 수 있다. 그러나 본 실험에서 제조할 모이스처라이징 로션바는 코코넛 오일, 시어버터 및 비타민 E 등의 천연 성분의 항산화 기능을 바탕으로 외부의 자극으로부터 피부를 보호할 수 있다.

2 실험 재료 살펴보기

주요 구성 성분

- 밀랍
- 코코넛 오일
- 시어버터
- 향료(레몬그래스 E.O)
- 비타민 E

기기 및 분석장비

- 용기, 가열장치, 면장갑, 나무막대, 은박 컵

(1) 레몬그래스

실험 04 모기퇴치 스프레이 만들기-실험 재료 살펴보기 내용 참조

(2) 밀랍

실험 08 립글로스 만들기-실험 재료 살펴보기 내용 참조

(3) 코코넛 오일

지구상에서 가장 좋은 오일이라고도 하는 코코넛 오일은 콜레스테롤 수치를 낮추어 심장계 질환 예방과 소화 기능을 높여주고 체내 영양분 흡수를 도와준다. 또한 강력한 항균, 항바이러스 작용으로 각종 감염성 질병을 예방할 수 있게 해준다.

코코넛 오일은 뼈를 튼튼하게 만들어주며 피부 건조증 등 피부를 건강하게 보습을 유지해주고 신체의 신진대사를 촉진하고 호르몬 분비의 균형을 조절하며, 체중조절을 도와주고 당뇨를 예방, 개선하는 데 효과적이다.

(4) 시어버터

시어버터(sheabutter)는 거친 피부에 수분을 공급하여 보습력이 높은 피부를 유지할 수 있게 해준다. 그리고 비타민 C가 오렌지의 4배 이상 함유되어 있으며, 철, 단백질,

칼슘과 미네랄이 풍부해서 아토피 피부에 효과적이다.

또한 모세혈관을 자극하여 두발과 두피에 영양을 공급하고 시어버터 속에 존재하는 비타민 A가 콜라젠의 형성을 촉진시켜 피부재생에도 효과적이다.

(5) 비타민 E

비타민 E(토코페롤)의 주요한 효능들은 세포 노화를 막아주고 세포막을 유지시켜주는 역할을 하는 것이다. 비타민 E를 포함하여 대다수의 비타민에서 보이는 공통적인 특징인 활성산소를 무력화시키는 항산화 물질을 포함하고 있다. 또한 면역 기능을 정상화시켜 암 예방에 효과가 좋은 것으로 알려져 있다.

(6) 오트밀

오트밀은 귀리라고도 불리며 수용성 식이섬유(베타글루칸)가 많은 것이 특징이다. 오트밀은 콜레스테롤 감소, 항암 효과, 혈압 예방, 염증 예방, 불면증 완화, 피부 미용뿐만 아니라 혈당도 낮춰주는 효과를 가지고 있다. 특히, 오트밀은 수분 공급과 함께 피부 표면에 수분 보호막을 형성하여 표피가 떨어져 나가는 것을 막아주기 때문에, 건성피부나 아토피 피부에 좋다고 알려져 있다.

실험 10

모이스처라이징 로션바 만들기

QR 코드

실험 목표

- 모이스처라이징 로션바를 만들어 본다.
- 모이스처라이징 로션바를 만들어 보고 보습을 유지하기 위한 방법을 알아본다.

실험 방법

① 면장갑을 낀 후 은박컵에 시어버터를 넣고 가열장치에서 나무막대로 저어주며 녹인다.
② 밀랍을 넣고 완전히 녹을 때까지 녹인다.
③ 코코넛 오일을 넣고 나무막대로 잘 섞는다.
④ 향료를 넣고, 비타민 E를 넣고 나무막대로 잘 섞는다.
⑤ 면장갑을 낀 후 은박 컵 한쪽을 뾰족하게 오므린다.
⑥ 은박 컵 안의 용액이 굳기 전에 용기에 잘 붓는다.
⑦ 표면 장력에 욕심 내지 말고 적당히 붓는다.
⑧ 굳으면 완성

실험 TIP 등

- 비커와 용기는 알코올 솜을 이용하여 소독한 후 사용한다.
- 약품의 양은 오차 범위 내에서 조절한다.

실험보고서

학과 　　　 학번 　　　 이름 　　　 일자 　　　 실험조 　　　

문제

10.1 코코넛 오일과 시어버터가 동일하게 하는 역할은 무엇인가?

10.2 모이스처라이징 로션바는 어떤 원리를 이용하고 있나요?

10.3 오트밀은 어떤 역할을 하는가?

심화학습

10.4 실험에 사용한 시약들에 대한 이름, 화학식, 구조, 특징과 기능에 대해 조사하시오.

10.5 시중에 판매되는 모이스처라이징 로션바 제품이 있다면 무엇이 있는지 쓰고, 각각의 성분들을 조사하시오.

실험 11 천연 EM 비누 만들기

1 배경지식 쌓기

(1) 비누

비누란 때를 빼거나 씻어 낼 때 쓰는 물건으로 물에 녹으면 거품이 일며 미끈미끈한 특징을 가지고 있다. 보통 고급 지방산의 알칼리 금속염을 주성분으로 한다.

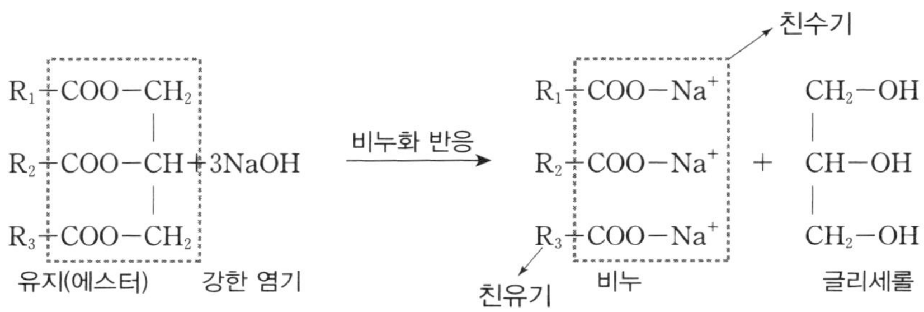

그림 11.1 비누화 반응

비누화 반응은 유지라고 불리는 기름인 긴 사슬 모양의 동물성 지방인 에스터 화합물을 의미하는데 이러한 유지와 -OH를 포함한 염기성 용액이 반응하면 유지의 에스터 결합이 끊어지면서 지방산 염인 비누와 글리세롤을 형성하여 비누화 반응이 일어나게 된다. 비누화 반응에서 계속 저어주는 이유는 이 반응에서 생성된 지방산염을 용액 상태로 유지하게 하여 교반을 수월하게 하고 반응을 종결시키기 위해서이다.

(2) 비누의 원리

실험 07 바디 폼클렌저 만들기-배경지식 쌓기 (3) 참조

2 실험 재료 살펴보기

주요 구성 성분

- EM 원액
- 글리세린
- 향료(레몬그래스 EO)
- 비누베이스

기기 및 분석장비

- 은박컵, 가열장치, 막대, 틀

(1) EM 원액

EM(Effective Micro-organism)은 유용한 미생물이며 효모, 유산균, 누룩균, 광합성 세균 등 80여 종의 미생물이 들어 있어 악취 제거, 수질 정화, 산화 방지 등 탁월한 효과가 있다. 또한 EM 친환경 비누는 항산화 효과로 피부 트러블의 예방과 개선을 돕는 것은 물론, 거품이 쉽게 제거되어, 물 소비량이 줄고 수질에 대한 오염이 거의 없으며 자연 분해 속도가 뛰어나 매우 친환경적이다.

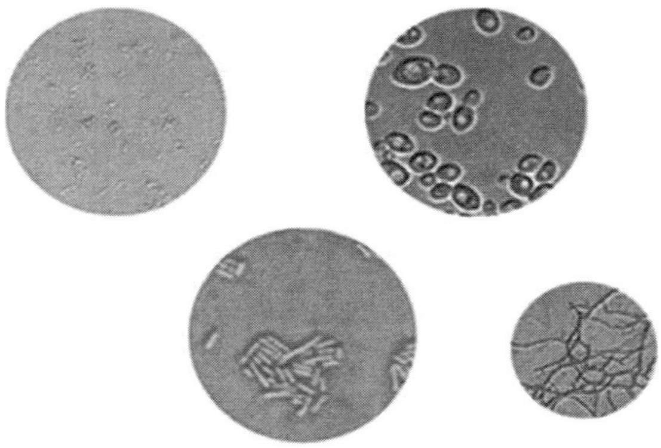

그림 11.2 EM(Effective Micro-organism)

(2) 비누베이스

비누의 종류는 mp(녹여붓기)비누로 비누만들기 제일 처음으로 접하게되는 종류로 비교적 난이도가 낮고 바로 만들어서 사용할 수 있다는 점으로 많이 사용하고 저가형으로 판매되는 수제비누 종류의 하나이다. 기본적으로 첨가물을 넣을 수 있는 양이 정해져 있기 때문에 분명 한계는 있지만 어떤 비율로 넣느냐에 따라 사용감에도 차이가 난다. 기본적으로 mp(Melt & Pour)비누베이스는 원재료(코코넛이나 팜유)에서 지방산을 분리해서 분리된 지방산을 다시 가성소다(NaOH)와 물 등 기타 첨가물을 넣고 제조한다.

실험 11

천연 EM 비누 만들기

QR 코드

실험 목표

- 내 손으로 직접 친환경 EM 용액을 이용하여 친환경 비누를 만들어 본다.
- 비누의 원리에 대해서 알아본다.
- 비누의 기능과 특징에 대해서 알아본다.

실험 방법

① 비누 베이스 30 g을 잘게 잘라 은박컵에 넣는다.
② 자른 비누 베이스를 가열장치로 녹인다.
③ 녹은 비누 베이스에 EM 원액 1 g, 글리세린 4 mL, 향료 0.5 mL를 넣는다.
④ 균일하게 섞이도록 잘 섞는다.
⑤ 틀에 용액을 부어 서늘한 곳에서 식힌다.
⑥ 비누가 완전히 굳으면 틀에서 꺼내 사용해 본다.

실험 TIP 등

실험보고서

학과 　 학번 　 이름 　 일자 　 실험조

문제

11.1 EM이란 무엇인가?

11.2 비누의 세정 원리는 무엇인가?

11.3 EM 비누가 친환경적인 이유는 무엇인가?

심화학습

11.4 실험에 사용한 시약들에 대한 이름, 화학식, 구조, 특징과 기능에 대해 조사 하시오.

11.5 시중에 판매되는 비누제품이 있다면 무엇이 있는지 쓰고, 각각의 성분들을 조사하시오.

실험 12 자외선 차단 선스틱 만들기

1 배경지식 쌓기

(1) 기능성 화장품

기능성 화장품이란, 다음 중에서 어느 하나라도 해당되는 화장품을 말한다. 피부 미백, 주름 개선, 피부를 곱게 태워주는 기능을 가진 제품, 자외선 차단에 도움을 주는 제품, 모발의 색상 변화(탈염·탈색은 포함하나 일시적인 모발 색상 변화 제품은 제외), 체모제거 제품(물리적 제거 제품은 제외), 탈모방지 및 모발 굵기를 증가시키는 데 도움을 주는 제품(코팅 제외), 여드름성 피부 완화 제품(세정용 제품류로 한정), 아토피성 피부로 인한 건조함을 개선하는 데 도움을 주는 제품, 튼살 등의 피부 갈라짐을 개선하는 데 도움을 주는 제품 등이 있다.

(2) 선탠

선탠은 햇빛이나 인공 선탠 도구로부터 나오는 자외선에 피부를 노출시켜 피부를 그을려 색을 어둡게 변화시키는 것을 말한다. 자외선이란, 전자기파 스펙트럼에서 보라색 띠에 해당하는 200~400 nm 파장의 영역을 말한다. 자외선의 파장은 가시광선보다 짧고, X선보다는 길며 눈에 보이지 않는 빛이다.

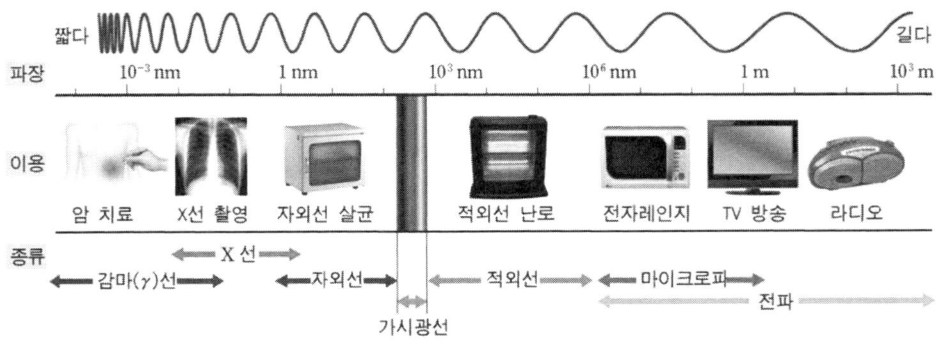

그림 12.1 전자기파 스펙트럼

자외선은 인간을 포함한 대부분의 척추동물에게 필요한 비타민 D를 합성할 수 있게 해주고 살균 작용이 있다는 장점이 있지만, 자외선에 과도하게 노출되면 피부 노화를 촉진시키고, 기미 주근깨 등의 색소 침착과 심하면 화상과 피부암까지 유발하는 단점이 있다. 이를 방지하고자 선텐을 할 때나 햇볕이 강한 곳에 머물 때 자외선 차단제를 발라주는 것이다.

(3) 자외선 차단의 원리

선스틱이 자외선을 차단하는 원리는 사용되는 물질의 특성으로 인해서 알 수 있다. 산화 타이타늄(TiO_2)은 자외선으로부터 강한 보호막을 형성하여 차단 효과가 높고 땀이 나는 것을 억제하며 피부에 투명감을 주는 물질이다. 그리고 산화 아연(ZnO)은 독성이 없고, 산과 염기에 녹으며 햇빛이나 다른 자극으로부터 보호막을 형성한다. 또한 방부 및 항균 작용을 한다.

자외선은 살균 기능이 있는 반면 피부에 자극을 주어 상하게 하여 백내장이나 피부암을 유발하기도 한다. 자외선 비즈에 선스틱을 바르고 햇빛을 비추면 색이 덜 변하는 것을 확인할 수 있다.

2 실험 재료 살펴보기

주요 구성 성분

- 산화 타이타늄(Titanium dioxide)
- 산화 아연(Zinc oxide)
- 아보카도 오일
- 비타민 E
- 알로에 분말
- 밀랍

기기 및 분석장비

- 숟가락, 용기, 막대, 종이컵, 가열장치, 자외선 비즈, 스포이트

(1) 산화 타이타늄(TiO_2)

산화 타이타늄은 자외선 차단제 및 화장품 등에서부터 흰색 페인트까지 폭넓게 사용되고 있다. 이외에도 산화력이 커 광촉매로도 사용되며 식품의 색상을 선명하게 하여 식품 첨가제로도 사용된다. 항균제, 악취 제거 및 살균제로 사용되고 반도체 물질 및 태양전지 셀 및 코팅 물질로도 사용된다.

그림 12.2 산화 타이타늄(TiO_2)

(2) 산화 아연(ZnO)

산화 아연은 아연 산화물로서 육방 정계의 흰색 가루로 물에는 거의 녹지 않으나 알칼리나 묽은 산에는 잘 녹는다. 300 °C로 가열하면 누런색으로 변하고 냉각하면 흰색으로 변하는 특징을 가지고 있다. 천연은 홍아연석에서 얻고, 인공은 탄산 아연이나 질산 아연을 가열해서 얻을 수 있다. 흰색 안료, 화장품, 의약품, 합성 고무 내열제 등에 사용되거나 전도성이 있어서 전자 재료에 사용된다.

그림 12.3 산화 아연(ZnO)

(3) 아보카도 오일

아보카도는 악어의 배와 비슷하게 울퉁불퉁한 녹색의 껍질을 가지고 있어 악어배라

고도 한다. 멕시코와 남아메리카에서 자라는 열대 과일로 불포화 지방산, 비타민, 미네랄, 단백질, 무기질 등이 골고루 들어 있어 식품으로써 완벽한 균형을 갖추고 있다. 또한 침투력이 강하여 보습력이 있고 각질을 잘 제거한다. 그리고 과일 중에는 지방 함유량이 높은 편이지만, 대부분 몸에 좋은 불포화 지방산이기 때문에 콜레스테롤을 저하시켜 혈액의 흐름을 원활하게 하고 동맥 경화를 예방하는 효과가 있다. 또한 아보카도에 풍부한 포타슘은 소듐 배출에도 도움을 준다.

(4) 알로에 분말

알로에는 신이 내린 선물이라고 불릴 만큼 그 효능이 뛰어나다. 옛날 클레오파트라가 목욕물과 눈, 입술에 바르는 화장품에 알로에 베라를 넣어 사용했을 정도로 살균, 소염 작용에 효과적이다. 알로에는 지방산, 유기산, 플라보노이드 등 200여 가지의 화합물을 함유한다고 알려져 있다.

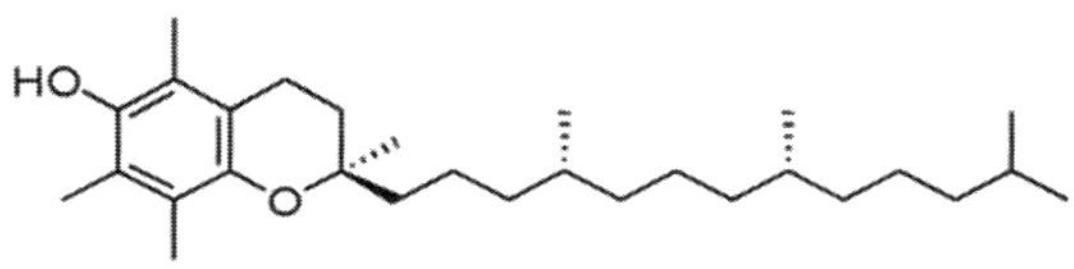

그림 12.4 알로에

여름에는 자외선에 의해 피부가 그을리거나 에어컨 때문에 쉽게 건조해지므로 알로에를 사용한 제품이 좋다. 멜라닌 합성을 방해하고 색소 침착이나 잡티 제거에 효과적이므로 기미, 주근깨가 있는 사람에게는 최적의 화이트닝 재료이다. 또한 독소를 중화하는 소염 기능이 있어서 여드름이나 넓은 모공을 개선시킬 수 있다. 천연 알로에를 사용할 때는 알로에를 갈아 피부에 직접 붙이거나 즙을 내어 사용한다.

실험 12

자외선 차단 선스틱 만들기

QR 코드

실험 목표

- 나만의 친환경 자외선 차단 선스틱을 만들어본다.
- 자외선 차단 선스틱 제조 구성 성분을 이해한다.
- 자외선 차단 선스틱의 기능과 특징을 알아본다.

실험 방법

① 종이컵에 코코넛 오일과 시어버터를 넣고 산화 타이타늄 1 g을 넣는다.
② 종이컵에 산화 아연 0.5 g을 넣고 잘 저어준다.
③ 종이컵에 밀랍 4 g을 넣고 잘 섞은 후 가열해준다.
④ 종이컵에 알로에 분말 0.2 g을 넣는다.
⑤ 분말이 담긴 종이컵에 아보카도 오일 10 mL와 비타민 E 오일 2~3 방울을 넣는다.
⑥ 분말이 모두 풀어질 때까지 골고루 막대로 저어준다.
⑦ 완성된 자외선 선스틱을 손에 발라보고, 남은 것은 용기에 담는다.
⑧ 선스틱을 자외선 비즈에 바르기 전과 후를 비교해 본다.
(비즈 안까지 선스틱을 묻힌다.)

실험 TIP 등

➔ 비커와 용기는 알코올 솜을 이용하여 소독한 후 사용한다.
➔ 약품의 양은 오차 범위 내에서 조절한다.

실험보고서

학과 학번 이름 일자 실험조

문제

12.1 자외선 파장 영역의 범위는?

12.2 자외선 비즈를 햇빛에 비추면 어떻게 되는가?

12.3 자외선 비즈에 만든 선스틱을 바르고 햇빛을 비추면 어떻게 되는가?

12.4 자외선(UV)은 살균을 하는 기능이 있는 반면에 피부에 자극을 주어 피부를 상하게 하는데, 주로 어떤 병을 유발하나요?

12.5 불포화 지방산이기 때문에 콜레스테롤을 저하시켜 혈액의 흐름을 원활하게 하여 동맥경화를 예방하고, 비타민 등 영양이 풍부하고 침투력이 강하여 보습력이 있고 각질을 잘 제거하는 물질은?

심화학습

12.6 실험에 사용한 시약들에 대한 이름, 화학식, 구조, 특징과 기능에 대해 조사 하시오.

12.7 자외선을 차단할 수 있는 다른 성분들이 있는지 조사하시오.

실험 13 치약 만들기

1 배경지식 쌓기

(1) 치아

치아는 동물의 입속에 돌출되어 있는 신체 기관으로, 주로 음식을 섭취할 때 저작 작용을 위해 사용된다. 치아의 딱딱한 부분은 칼슘 화합물(수산화 인회석)로 이루어져 있다.

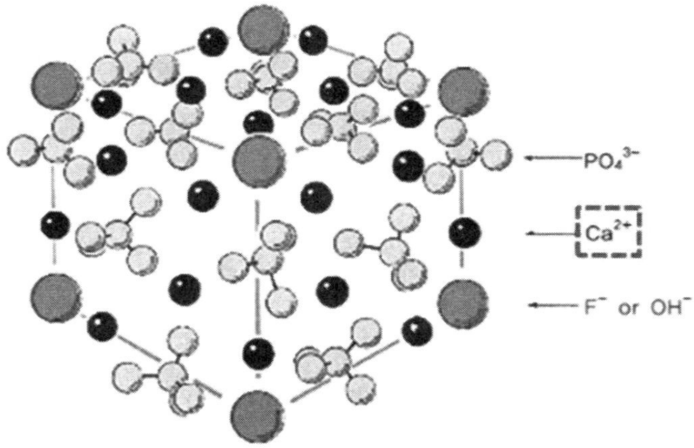

그림 13.1 칼슘 화합물(수산화 인회석의 구조)

칼슘 화합물의 구조는 칼슘 이온(Ca^{2+})과 인산 이온(PO_4^{3-}) 그리고 수산화 이온(OH^-)기로 이루어져 있다.

(2) 치약

치약의 성분은 덴탈실리카, 탄산 칼슘과 같은 연마제와, 플루오린화 소듐 같은 불소 화합물과 자일리톨, 사카린 등의 감미료와 향료, 보존제로 이루어져 있다. 연마제는 치아에 붙은 치석, 이물질을 떼어내고 치아 본래의 광택을 주는 작용을 한다. 불소는 치아표면의 소독 및 방어막을 형성하여 충치를 예방해 준다. 보존제는 제품 속 미생물 성장을 억제하여 장기간 보존시키는 역할을 하는데, 보존제로 많이 쓰였던 파라벤이 암 발병률을 높이고 각종 호르몬 분비를 교란시킬 수 있다는 연구 결과가 있어 잘 사용하지 않고 있다.

표 13.1 치약의 성분

구성 성분	종류	효능	비고
주성분	불소 화합물	충치예방	충치 예방, 농류 예방, 치아미백, 치석의 침착 방지, 구취 예방 등의 효과를 증강시킴
	알란토인, 아미노카프론산 등	치주질환의 예방	
	인산 삼칼슘, 질산 포타슘, 염화 스트론튬 등	시린이 완화	
	이산화 규소, 침강 탄산 칼슘 등	연마제	치아표면에 붙은 더러운 것을 제거하고 치아를 빛나게 함
기타 성분	라우릴 황산 소듐 등	기포제	거품이 일어 더러운 것을 쉽게 없어지게 함
	글리세린, 솔비톨, 프로필렌글라이콜 등	습윤제	적당한 습도를 가지게 함
	카복시메틸셀룰로스, 아라비아고무 등	결합제	치약이 균일하고 안정된 형태를 유지하게 함
	스피아민트유, 페퍼민트유 등	착향제	보다 상쾌한 기분으로 칫솔질을 할 수 있게 함

(3) 천연 치약과 화학 치약

천연 치약은 불소 화합물이 들어 있지 않아 어린 아이들에게도 적합하다. 우리가 사용하는 화학 치약은 합성 계면활성제인 라우릴 황산 소듐이 들어있다. 라우릴 황산 소듐은 거품을 내는 발포제 역할을 하며 샴푸와 린스, 청소 약품, 자동차 세척제 등에도 사용된다. 치약의 연마제 성분은 입속 점막을 자극하여 미뢰 세포의 감각을 일시적으로 마비시키기도 한다.

(4) 치약을 사용해야 하는 이유(산염기 중화 반응)

우리가 매일 사용하는 치약의 주성분은 탄산 칼슘, 탄산 마그네슘으로 pH 8~9의 염기성을 가지고 있다. 치약이 염기성의 pH를 갖는 이유는 음식을 섭취하게 되면 입속의 pH는 중성인 7보다 조금 낮은 6.5 정도가 된다. 이때 산은 치아의 표면을 덮고 있는 에나멜층을 공격하는데 에나멜층이 조금 벗겨졌을 때는 저절로 회복되지만, 오랜 시간 동안 계속해서 산과 접촉하면 치아에 구멍이 생기는 충치가 발생된다. 따라서 충치를 예방하기 위해서는 염기성 치약으로 양치해서 입안을 중화시켜 중성으로 만들어 주어야 한다. 위 결과로 볼 때, 천연치약의 가장 이상적인 pH 범위는 7~8이 가장 적합할 것이다.

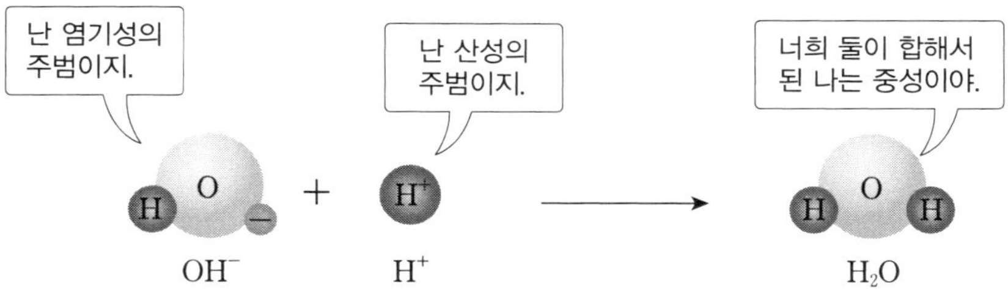

그림 13.2 산염기 중화 반응

2 실험 재료 살펴보기

주요 구성 성분

- 덴탈실리카(연마용)
- 덴탈실리카 점토
- 증류수
- 글리세린
- 애플워시
- 자일리톨
- 송엽(솔잎) 분말
- 자몽씨 추출물
- 스피아민트 에센셜오일
- 레몬 에센셜오일

재료	성분	함량
덴탈실리카 연마	2.9 g	연마 작용
자일리톨	1.2 g	충치균 억제 감미 효과
송엽 분말	0.1 g	잇몸 염증 완화 미백 효과
덴탈실리카 점토	2.6 g	점도 조절
증류수	3 g	용매 기능
글리세린	12 g	점도 조절 감미 효과
애플워시	0.5 g	세정 효과 (계면활성제)
자몽씨 추출물	0.2 g	방부/항균 작용
스피아민트 E.O	5방울	향 청량감 구취 제거
레몬 E.O	1방울	향 청량감 구취 제거

기기 및 분석장비

- 막대, 숟가락, 용기, pH 시험지, pH 색 변환표, 종이컵

(1) 덴탈실리카(연마용)

연마제는 치약의 주요 성분으로 치아표면의 오염물질을 제거해주는 역할을 한다. 실리카는 이산화 규소, 규산 무수물이라고도 하는데, 치약제에 이용되는 실리카는 그림과 같이 고순도의 비결정질 이산화 규소를 주성분으로 하여 만들어진다.

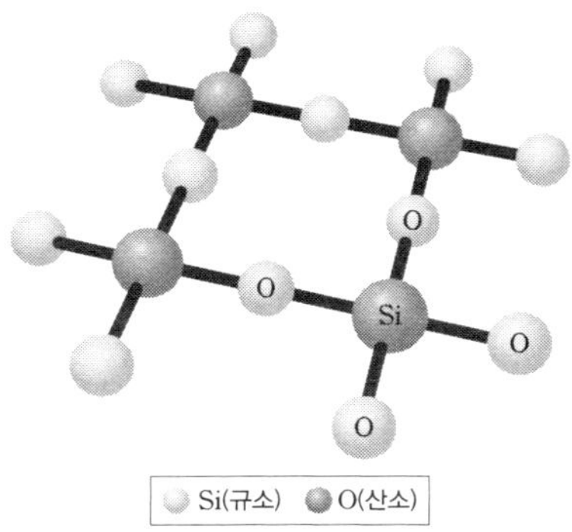

그림 13.3 덴탈실리카

(2) 덴탈실리카 점토

덴탈실리카 점토는 치약의 점성을 높여주는 역할을 한다. 실리카의 입자를 잘게 가공하면 점도를 갖게 되는데 이는 치약의 질감을 좋게 하여 치약 제형의 완성도를 높여준다.

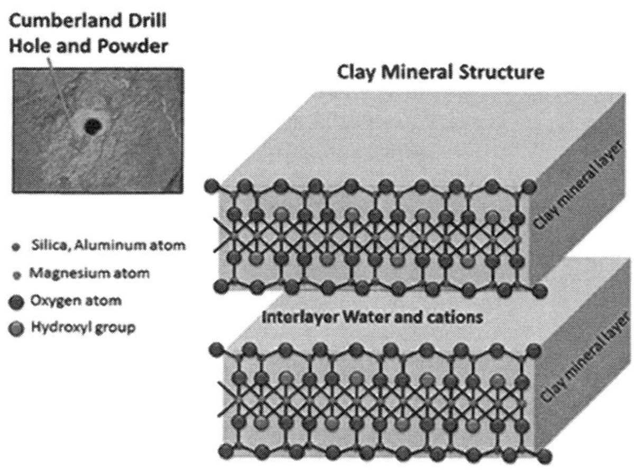

그림 13.4 덴탈실리카 점토

(3) 자일리톨

자일리톨은 자일로스를 환원하여 얻어지는 당으로 설탕과 같은 단맛을 내는 천연

감미료 물질이다. 처음 핀란드 자작나무에서 추출하여 얻었으며 충치의 원인인 산에 의해 에나멜이 녹는 작용을 억제하여 충치를 예방한다. 또한 혈당에 영향을 주지 않아 당뇨병 환자들이 설탕 대용으로 사용하기도 한다. 화학식은 $(CHOH)_3(CH_2OH)_2$이다.

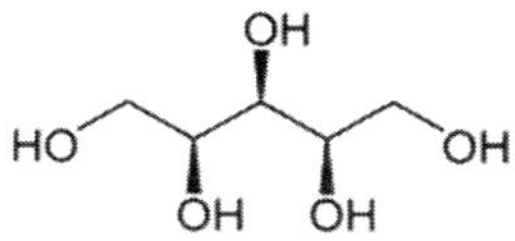

그림 13.5 자일리톨

(4) 송엽(솔잎) 분말

솔잎은 다량의 아스코르빈산과 비타민 A, 비타민 C, 포타슘(K), 칼슘(Ca), 철분, 쓴맛을 내는 고미성 물질, 플라보노이드, 안토시안 등이 풍부하여, 신경통, 고혈압, 심근 경색, 심장병, 중풍, 동맥경화, 숙취해소, 감기 등에 효과가 있다. 다른 의학 서적(『동의보감』)이나 문헌에도 솔잎의 효능이 강조되어 있다.

(5) 애플워시

애플워시는 사과쥬스의 단백질에서 유래된 저자극성 계면활성제(INCI: Sodium cocoyl apple amino acids/소듐코코일애플아미노산)중 음이온계면활성제이다. 이 계면활성제는 피부 자극이 없는 순한 성질로 민감성 피부, 아기피부, 아토피 피부 등에 아주 좋은 성분으로 피부 단백질을 변성시키지 않으며, 피부 각질 방어체계에 영향을 미치지 않는 것으로 알려져 있다. 특히 거품 밀도가 높으며 방부제 없이 그 자체로 보존상에 문제가 없는 것 또한 장점이지만 생산입장에서는 고가의 비용이 단점이다.

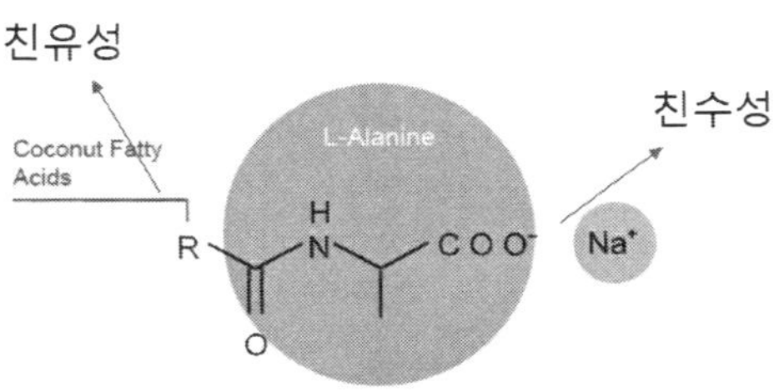

그림 13.6 애플워시

(6) 글리세린

실험 01 핸드크림 만들기-실험 재료 살펴보기 (5) 참조

실험 13

천연 치약 만들기

QR 코드

실험 목표

- 내 손으로 직접 친환경 물질(솔잎)을 이용하여 천연 치약을 만들어 본다.
- 천연 치약의 기능과 특징에 대해서 알아본다.

실험 방법

① 종이컵에 증류수 3 g, 글리세린 12 g, 애플워시 0.5 g, 자일리톨 1.2 g, 송엽 분말 0.1 g, 자몽씨 추출물 0.3 g을 넣는다.

② 1의 컵에 덴탈실리카 연마제 2.9 g, 덴탈실리카 점토 2.6 g을 넣고 가루가 골고루 섞이도록 저어준다.

③ 2의 컵에 스피아민트 에센셜오일 5방울, 레몬 에센셜오일 1방울을 저어준다.

④ 완성된 치약을 뚜껑 있는 용기에 넣고 종이컵에 조금 남긴다.

⑤ 종이컵에 물을 넣어 분말 치약을 녹인 후 pH 시험지에 용액을 발라 색깔을 확인한다(pH 7~8 확인).

⑥ 완성된 치약으로 이를 닦아본다.

실험 TIP 등

실험보고서

학과   학번   이름   일자   실험조

문제

13.1 치아 표면의 오염을 제거하는 연마제로 미백 작용을 하는 것은 무엇인가?

13.2 치약의 원리는 무엇인가?

13.3 가장 이상적인 천연 치약의 pH 범위는 어느 정도인가?

심화학습

13.4 실험에 사용한 시약들에 대한 이름, 화학식, 구조, 특징과 기능에 대해 조사 하시오.

13.5 시중에 판매되는 천연치약제품이 있다면 무엇이 있는지 쓰고, 각각의 성분들을 조사하시오.

실험 14 손 세정제 만들기

1 배경지식 쌓기

(1) 살균

살균 작용에는 물리적 작용과 화학적 작용 두 가지가 있다. 물리적 작용의 살균 작용은 자외선, 방사선, 열 등으로 곰팡이나 세균을 죽이는 것을 말하고 화학적 작용의 살균 작용은 소독제나 항균 물질 등으로 곰팡이나 세균을 죽이는 것이다.

(2) 에탄올의 살균 작용

에탄올(알코올)은 함량이 10 % 이상에서 세균을 없애주는 효과가 나타난다. 함량이 증가할수록 효과도 좋아진다. 하지만 일정 수준 함량이 넘어가면 오히려 소독 효과가 떨어지게 된다. 에탄올의 함량이 70 %일 때 최고의 소독 효과를 나타낸다.

에탄올의 살균 작용은 삼투 작용으로 설명할 수 있다. 에탄올은 단백질을 응고시켜 손상을 주는데, 100 % 에탄올이 아닌 어느 정도의 물을 포함하여 희석된 에탄올이 세균의 세포막을 통과해서 내부로 들어가 세균의 단백질을 응고시켜 사멸하게 한다.

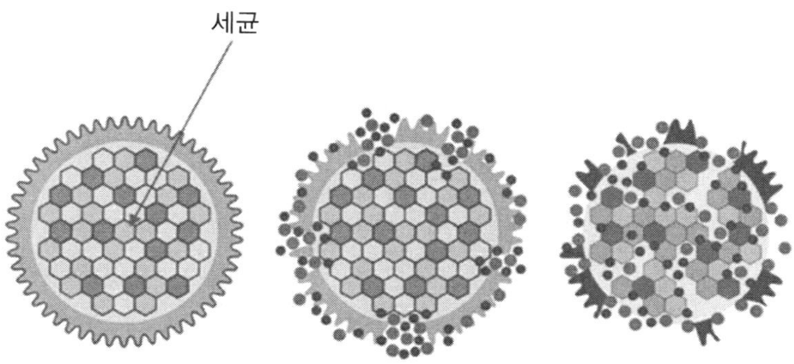

알코올은 물을 포함하고 있어야 세포막을 통과해서 내부로 들어갈 수 있다.
알코올은 단백질을 변성시켜 구조를 잃고 세균을 죽게 한다.

그림 14.1 삼투 작용

즉, 100 % 에탄올은 세균의 세포막까지 아예 응고시켜버려 이 응고시킨 세포막을 뚫을 수 없게 돼버린다.

(3) 손 세정제의 원리

앞서 살펴본 바와 같이 에탄올은 병원균에 대해 살균 작용을 한다. 살균 소독의 원리는 에탄올이 삼투 작용을 통해 세포막을 뚫고 들어가 세균의 내부로 침투하여 단백질을 변형시키고 세포막의 지질을 용해시켜 세균을 죽이는 것이다. 여러 미생물을 이용한 실험 결과 에탄올 함량이 70 %일 때 가장 살균력이 강한 것으로 나타났다.

2 실험 재료 살펴보기

주요 구성 성분

- 에탄올
- 정제수
- 글리세린
- 라벤더 향료

재료 종류	양	특징 및 역할	대체 재료
식물성 에탄올	70 g	식물성 알코올, 소주 원액, 세균 제거	
정제수	30g	순수 물, 식물성 에탄올 희석용	
글리세린	5 g	보습	
라벤더 E.O	20방울	향기, 라벤더꽃 오일, 향균, 재생, 심리 피부 진정, 숙면, 아로마테라피	레몬, 티트리, 페퍼민트 등 원하는 아로마 오일

기기 및 분석장비

- 분무기, 컵, 스포이트, 나무막대

(1) 에탄올

실험 04 모기퇴치 스프레이 만들기-실험 재료 살펴보기 (5) 참조

(2) 글리세린

실험 01 핸드크림 만들기-실험 재료 살펴보기 (5) 참조

(3) 라벤더 E.O

실험 04 모기퇴치 스프레이 만들기-실험 재료 살펴보기 (3) 참조

(4) 정제수

정제수는 물에 함유되어 있는 용해된 이온, 고체 입자, 미생물, 유기물 및 용해된 기체류 등을 제거하여 만들어지는데 에탄올 희석용으로 사용된다.

실험 14

손 세정제 만들기

QR 코드

실험 목표

- 손 세정제를 만들어본다.
- 제조 구성 성분을 이해한다.
- 손 세정제의 기능과 특징을 알아본다.
- 소독과 세정의 원리를 알아본다.

실험 방법

① 컵에 정제수 5 mL, 에탄올 23 mL를 넣는다.

② 위에서 만든 용액에 글리세린 3 mL, 향료 2 mL를 넣는다.

③ 용액이 균일하게 섞이도록 나무막대로 잘 저어준다.

④ 분무기에 에탄올을 조금 넣고 흔들어 소독하고 버린다.

⑤ 완성된 손 세정제 용액을 분무기에 담고 손에 뿌려 가볍게 문지른다.

실험 TIP 등

실험보고서

학과 학번 이름 일자 실험조

문제

14.1 완성한 손 세정제에서 에탄올의 역할은 무엇인가?

14.2 에탄올 몇 %에서 가장 세정효과가 좋은가?

14.3 손 세정제의 원리는 무엇인가?

14.4 손 세정제에서 글리세린의 역할은 무엇인가?

심화학습

14.5 실험에 사용한 시약들에 대한 이름, 화학식, 구조, 특징과 기능에 대해 조사하시오.

14.6 시중에 판매되는 손 세정제 제품이 있다면 무엇이 있는지 쓰고, 각각의 성분들을 조사하시오.

실험 15 모기 쫓는 향초 만들기

1 배경지식 쌓기

(1) 모기퇴치제의 원리

실험 04 모기퇴치 스프레이 만들기-배경지식 쌓기 (1) 참조

(2) 확산

확산은 배추를 절일 때의 삼투 현상, 향 피우기, 물에 잉크를 떨어뜨렸을 때 퍼지는 현상 등 실생활에서 흔히 볼 수 있는 현상이다. 액체나 기체가 다른 물질과 섞이고, 고농도에서 저농도 쪽으로 조금씩 번져가다가 마지막에는 전체 농도가 같아지게 되는 현상이다. 확산이 일어나는 모든 자발적 과정은 엔트로피(무질서도)가 증가하는 방향으로 일어난다(열역학 제 2법칙).

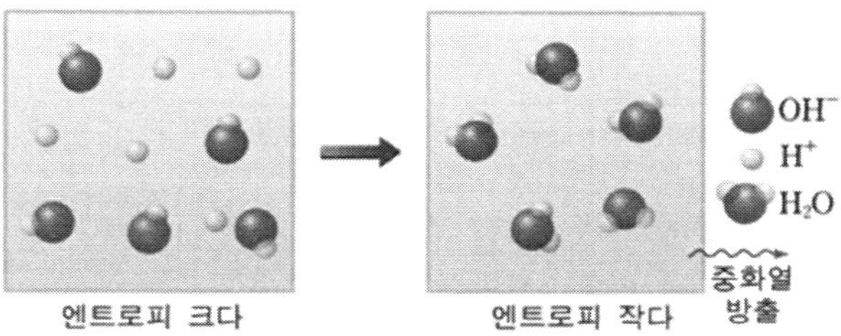

그림 15.1 확산의 과정

확산은 분자의 운동 때문에 일어나는 현상이기 때문에 잘 일어나는 조건은 분자의 움직임이 빠를수록 빠르게 일어난다. 즉, 온도가 높을수록, 분자의 질량이 작을수록, 고체보다 액체, 액체보다 기체에서 빠르게 일어난다.

$$\Delta G = \Delta H - T\Delta S$$

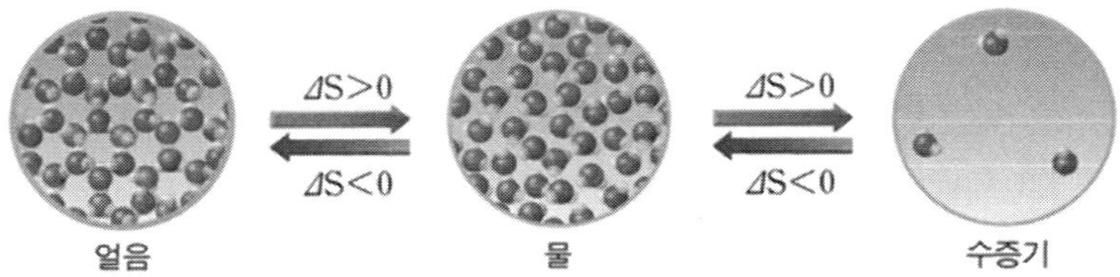

그림 15.2 상에 따른 확산속도 실험

2 실험 재료 살펴보기

주요 구성 성분

- 모기쫓는 향: 시트로넬라
- 양초 형성제: 이지파라핀
- 색상 발현: 크레파스

기기 및 분석장비

- 가열장치, 은박컵, 양초케이스, 심지용실, 면장갑, 막대

(1) 시트로넬라

시트로넬라는 구문초라는 식물의 다량 함유되어 있는데 해충 기피제로 많이 사용하고 스프레이, 로션 및 양초와 같은 형태의 수십 종의 살충제 제품에 포함되어 있다. 또한 항진균 성분 때문에 벌레에 물린 상처를 낫게 하는 효과가 있다.

(2) 이지파라핀 왁스

이지파라핀 왁스는 원유를 정제할 때 생기는 희고 냄새가 없는 콩반쪽 모양의 반투명한 고체로 표준 녹는점을 가지고 있어 사용하기 편하다. 윤활, 절연, 양초에 사용된다.

(3) 오일 파스텔

오일 파스텔 혹은 왁스 오일 크레용(wax oil crayon)이라고도 하는데 안료를 왁스와 연질유를 섞어 굳힌 막대 모양의 미술도구로 실험에선 색 첨가용으로 쓰인다.

실험 15

모기 쫓는 향초 만들기

QR 코드

실험 목표

- 모기가 싫어하는 향을 넣어 초를 만들어 본다.
- 모기 쫓는 향초의 제조 구성 성분을 이해한다.
- 기능과 특징을 알아본다.

실험 방법

① 은박컵에 파라핀 60 g을 넣는다.

② 가열장치로 파라핀을 녹인다.
(파라핀이 끓지 않도록 주의한다.)

③ 녹인 파라핀에 시트로넬라를 0.5 mL 넣는다.

④ 크레파스를 원하는 만큼 넣고 녹인다.

⑤ 컵에 심지를 놓고 녹은 파라핀을 붓는다.

⑥ 파라핀이 굳으면 완성된 초를 태워 본다.

실험 TIP 등

실험보고서

학과 학번 이름 일자 실험조

문제

15.1 만든 양초를 태우면 어떤 현상이 일어나는가?

15.2 모기가 사람의 피를 빨아 먹는 이유는 무엇인가?

15.3 모기나 벌레가 싫어하는 향으로 구문초라는 식물에서 얻는 물질은 무엇인가?

심화학습

15.4 실험에 사용한 시약들에 대한 이름, 화학식, 구조, 특징과 기능에 대해 조사 하시오.

15.5 시중에 판매되는 모기퇴치양초 제품이 있다면 무엇이 있는지 쓰고, 각각의 성분들을 조사하시오.

실험 16 아이브로우 펜슬 만들기

1 배경지식 쌓기

눈화장에 사용하는 화장품인 아이브로우 펜슬은 눈썹을 돋보이게 하거나 단점을 보완하기 위한 것이다. 눈썹 결에 따라 자연스럽게 그리면 눈썹의 빈 부분을 메워주면서 또렷한 인상을 만들어 준다.

표 16.1 아이브로우 펜슬의 성분

성분	용도	함유량
페트롤리움 젤리	딱딱하게	60 %
산화 아연 + 염료	흡수 + 색깔	24 %
라놀린	완화제	6 %
왁스	딱딱하게	10 %

2 실험 재료 살펴보기

주요 구성 성분

- 윤활성: 유동 파라핀
- 필름형성: 카나우바 왁스
- 결합제: 오조케라이트 왁스
- 유화제: 밀랍
- 결합제: 마이크로크리스탈린 왁스
- 보습제: 바세린
- 흑색: 흑연

표 16.2 구성 성분

원료명	특징	배합비
유동 파라핀	포화 탄화 수소, 윤활성, 사용 촉감 향상	0.7
카나우바 왁스	높은 경도, 내수성의 필름 형성	2.4
오조케라이트 왁스	유화 안정제, 비수용성 점증제, 결합제	1
밀랍	유화제, 안정제, 접착성, 비결정성	2
마이크로크리스탈린 왁스	결합체, 유화 안정제, 점도 증가제	3
바세린	피부막 형성, 수분 손실 방지	0.7
흑색 안료	검정색	2.9

기기 및 분석장비

- 막대, 몰드, 은박컵

(1) 유동 파라핀(미네랄 오일)

미네랄 오일이라고 불리는 유동 파라핀은 원유를 정제하는 과정에서 생산되는 흰색 액체 기름이다. 주성분은 알케인(alkane)과 파라핀(paraffin)으로 탄소수가 20개 이하로 구성되어 있다. 화장품과 의약품의 목적으로 이용되기도 한다.

(2) 카나우바 왁스

카나우바 왁스는 브라질 동북부 지대에서 자생하는 카나우바 야자의 잎을 건조 후 추출한 왁스로 천연 왁스 중 가장 높은 경도를 가지면서 광택도가 우수하다. 카나우바 왁스는 카너버 왁스, 카르나우바 왁스, 브라질 왁스 등으로 불리기도 한다. 초기 추출 상태의 색상은 초록빛의 약간 있는 갈색 계통의 색상이나 정제될수록 색깔이 옅어져서 옅은 노란색을 띤다. 주로 화장품, 인쇄, 코팅, 약품, 이형제 용도로 많이 사용된다.

(3) 오조케라이트 왁스

오조케라이트는 미네랄 등에서 유래된 탄화 수소 왁스 성분이다. 광물성 왁스 성분으로 동유럽에서 산출되는 갈리시아 오조케라이트가 가장 대표적이며 정제된 것은 세레신이라고 한다. 결합제로써 분말을 성형할 때 시료에 탄력성과 점착성을 부여하여 제품의 강도를 증가하기 위해 첨가한다. 유화 안정제로써 화장품에 부드러운 사용감을 부여하는 데 도움을 주고 불안정한 유화 상태를 안정화시키는 역할을 한다. 또한 비수용성 점증제로 화장품의 점도를 높여주는 역할을 하며 립스틱이나 스틱 파운데이션 같은 화장품에서 경도를 올려주는 왁스로 적용되기도 한다.

(4) 마이크로크리스탈린 왁스

마이크로크리스탈린 왁스는 탄화 수소의 고형 혼합물로 주로 아이소파라핀으로 이루어져 있다. 미정랍이라고도 불린다. 파라핀오가스보다 점성과 탄성이 높으며 상온에서 굳어졌을 때 결정성을 지닌다. 또한 미세한 결정으로 이루어져 있다.

이것은 서로 잘 섞이지 않는 성분들을 안정적으로 유화시켜주는 결합제로 사용한다. 비수용성 점증제로써 점도를 조절하기도 한다. 제품의 유수분을 분산시켜 농도를 희석시키기도 하며 립스틱이나 파운데이션의 유분이 분리되는 것을 방지한다.

(5) 바세린

바세린은 석유에서 추출한 페트롤리움 젤리를 주성분으로 하여 코팅, 보습, 윤활 작용 등의 다양한 기능이 있다. 사람 체온과 비슷한 온도에서 녹고, 상처가 난 곳에 바르면 코팅이 되면서 세균의 침입을 막아 상처 치료에도 효과적이다. 또한 산화가 잘 되지 않아 장기간 사용할 수 있다는 장점이 있다. 화장품에는 건조하고 각질이 올라오는 입술, 발뒤꿈치, 피부 등의 보습 제품으로 활용되고 있다.

실험 16

아이브로우 펜슬 만들기

QR 코드

실험 목표

- 아이브로우 펜슬은 어떻게 만들어지는지 알아본다.
- 아이브로우 펜슬의 제조 구성 성분을 이해한다.

실험 방법

① 유동 파라핀, 카나우바 왁스, 오조케라이트 왁스, 밀랍, 마이크로크리스탈린 왁스, 바세린을 은박컵에 넣고 가열장치(100 ℃)를 사용하여 녹인다.
② 다 녹으면 흑색 안료를 조금씩 첨가하면서 나무막대로 잘 분산시켜준다.
③ 잘 분산되었으면 아이브로우 틀(몰드)에 평평하게 부어준다.
④ 굳을 때까지 기다린다.
⑤ 다 굳으면 부러지지 않도록 조심스럽게 몰드에서 제거해준다.

실험 TIP 등

- 흑색 안료를 첨가할 때 은박컵을 가열장치에서 제거하지 않는다.
- 흑색 안료를 넣고 잘 저어주지 않으면 왁스와 안료가 분리되어 완성품에서 흰 부분이 보일 수 있다.

실험보고서

학과 학번 이름 일자 실험조

문제

16.1 주성분은 알케인(alkane)과 파라핀(paraffin)으로 탄소수가 20 이하의 액체는 무엇인가?

16.2 비수용성 점증제로 화장품의 점도를 높여주는 역할을 하며, 립스틱이나 스틱 파운데이션 같은 화장품에서 경도를 올려주는 왁스로 적용되며, 정제된 것은 세레신이라고 하는 왁스는 무엇인가?

16.3 서로 잘 섞이지 않는 성분들을 안정적으로 유화시켜주는 결합제로 사용되며 비수용성 점증제로써 점도를 조절하는데 사용하는 왁스는 무엇인가?

16.4 석유에서 추출한 페트롤리움 젤리를 주성분으로 하여 바디로션, 핸드크림, 입술보호제 등으로 제조하여 판매되는 것은 무엇인가?

심화학습

16.5 실험에 사용한 시약들에 대한 이름, 화학식, 구조, 특징과 기능에 대해 조사하시오.

16.6 시중에 판매되는 아이브로우 펜슬 제품이 있다면 무엇이 있는지 쓰고, 각각의 성분들을 조사하시오.

실험 17 각질 제거젤 만들기

1 배경지식 쌓기

각질 제거젤이란 피부 각질과 노폐물, 피지를 제거하기 위해 세안 시 사용되는 제품이다.

(1) 각질

각질은 척추동물의 가장 바깥쪽 피부층인 표피 부분에 단백질로 구성된 케라틴으로 이루어져 있다. 피부뿐만 아니라, 모발, 손톱에 분포하여 세포 골격을 이룬다. 각질은 외부 환경으로부터 피부를 보호하고 세포의 신호 전달과 세포 증식 기능을 한다.

(2) 각질 제거의 종류

- 물리적 각질 제거

세안 후 물기를 닦은 뒤 도포하여 부드럽게 롤링하며 마사지 후, 씻어내는 방식으로 사용된다. 장점은 눈에 보이는 각질을 쉽게 제거 가능하고, 단점은 세게 문지르게 되면 피부에 자극이 가고, 미세한 각질은 제거가 힘들다.

- 화학적 각질 제거

피부의 박리를 유도하며 진피와 표피의 세포 재생을 촉진하고 피부의 탄력을 증가시킨다. AHA는 수용성, BHA는 지용성으로 산 성분으로 각질을 녹인다.

장점은 물리적 각질제거보다 저자극으로 미세한 각질 제거가 가능하다. 단점은 각질을 녹여 표피 세포가 노출되기 때문에 피부가 외부 자극에 민감해지기 쉽고, 즉각적인 효과를 보기 어렵다.

(3) 페이셜 스크럽

피부에 불필요하게 쌓인 각질, 노폐물, 피지 등을 제거하여 피부를 매끈하고 깨끗하게 관리하는 얼굴 세안용 화장품이다. 피부 표면에 있는 각질층의 노폐물을 제거해야 하기 때문에 미세한 알갱이 입자가 들어 있는데 이는 바디 스크럽에 들어있는 알갱이 입자보다 작고 부드러워야 피부자극을 줄일 수 있다. 또한 피부 표면뿐만 아니라 모공 깊숙한 곳까지 세정되어 피부 재생을 돕는다. 사용은 일주일의 2~3회를 권장하며 과도하면 오히려 피부 건조함을 유발하고 자극이 되어 피부 트러블을 일으킬 수 있다. 보습 성분도 들어가 있어 각질 제거 후 피부를 촉촉하게 유지시킬 수 있다.

2 실험 재료 살펴보기

주요 구성 성분

- 수분 밸런스 조절, 노화 예방, 상처 치유: 알로에 모이스트
- 각질 제거제: 천연 셀룰로스
- 보습제: 글리세린
- 가용화제, 클렌징 고형제: 올리브 리퀴드
- 방부제: 자몽 추출물
- 여드름, 피부 전염성 방지, 피부활력 향료: 레몬 에센셜오일

기기 및 분석장비

- 마그네틱바, 크림용기 25ml-흰색, 막대, 마이크로튜브 4개, 약봉지, 포장지, 라벨, 종이컵, 스포이트, 비커, 점도계, pH 미터, Conductivity, ^{1}H NMR, SEM, Optical microscope, UV/VIS spectroscopy

(1) 천연 셀룰로스

천연 셀룰로스는 고점도의 성분으로 필름 형성 능력이 좋아 접착력이 우수하고 피부의 독소와 노폐물을 제거한다. 셀룰로스 성분은 기름 때 등의 오염물 주위를 작은 입자들이 에워싸는 콜로이드를 형성하여 피부나 표면에서 들어 올리고 각질과 함께 때처럼 밀려나온다.

그림 17.1 천연 셀룰로스

(2) 올리브 리퀴드

실험 03 레몬 스킨 만들기-실험 재료 살펴보기 (2) 참조

(3) 알로에 모이스트

알로에 모이스트(베라젤)은 높은 점성의 투명 수용성 젤이다. 소염, 화농 방지 등에 효과적인 안트라퀴논 유도체이기도 하여 자외선이나 자극으로 붉게 달아오른 피부를 진정시켜주는 효과가 있다.

게다가 풍부한 수용성 다당체 성분을 가지고 있어 보습제의 기능을 하여 건성 피부와 지성 피부를 중화시켜 주고, 뛰어난 멜라닌 색소 형성 억제 효과로 기미, 주근깨 감소 등 화이트닝 효과를 기대할 수 있다. 또한 사과산 등의 유기산이 함유되어 콜라젠 생성을 촉진하고 피부 건조로 인한 잔주름을 예방하여 피부 탄력을 증가시켜주는 역할을 한다.

알로에친 성분은 세균과 곰팡이에 살균력이 있어 피부의 독소를 중화시켜주며 알프로젠 성분은 알레르기 반응 억제와 개선에 도움을 준다. 두피 염증을 가라앉히고 머리 가려움증, 비듬 발생을 개선하여 탈모 예방에도 도움을 준다.

천연화장품을 만들 때에는 일반적으로 크림/로션에 1~10 %, 미백 에센스에 10~20 %, 수분젤 크림에 30~40 %, 손 세정제에 30~40 %, 천연 샴푸에 1~5 %가 첨가된다.

실험 17

각질 제거젤 만들기

QR 코드

실험 목표

- 천연 셀룰로스를 이용하여 친환경 각질 제거젤을 제조해 본다.
- 각질 제거젤의 제조 구성 성분을 이해한다.
- 각질 제거젤의 원리를 이해한다.

실험 방법

① 올리브리퀴드 1.5 g을 종이컵에 넣는다.
② 천연 셀룰로스 0.5 g을 넣고 잘 녹인다.
③ 조심히 섞은 뒤에 알로에모이스트 10 g을 넣어 섞는다.
④ 글리세린 1 g과 자몽 추출물 0.5 g, 레몬 E.O 0.1 g을 넣고 잘 섞는다.
⑤ 용기에 담으면 완성된다.

실험 TIP 등

➔ 컵과 용기는 알코올 솜을 이용하여 소독한 후 사용해야 한다.
➔ 약품의 양은 오차 범위 내에서 조절해야 한다.

실험보고서

학과 　　　 학번 　　　 이름 　　　 일자 　　　 실험조 　　　

문제

17.1 각질 제거젤의 제조 원리는 무엇인가?

17.2 실험에서 오일 성분을 워터류에 첨가해 가용화하도록 하는 원료는 무엇인가?

17.3 실험에서 방부 역할을 하는 것은 무엇인가?

17.4 알로에 모이스트에는 어떤 효능이 있는가?

17.5 천연 셀룰로스를 사용하는 이유는 무엇인가?

심화학습

17.6 실험에 사용한 시약들에 대한 이름, 화학식, 구조, 특징과 기능에 대해 조사하시오.

17.7 시중에 판매되는 각질 제거젤 제품이 있다면 무엇이 있는지 쓰고, 각각의 성분들을 조사해 보시오.

실험 18 클렌징 밤 만들기

1 배경지식 쌓기

클렌징 밤이란 유성 성분의 화장을 지우는 세안제로 화장품 등의 각종 노폐물을 흡착하여 녹여낸다. 녹아난 각종 노폐물은 물을 섞어 잘 용해시켜(유화) 씻어 내야한다. 보습 성분들이 피부장벽을 만들어 피부를 촉촉하게 유지해주기 때문에 건조한 건성피부에게 적합하다. 클렌징 밤으로 유성 성분의 화장을 마사지하며 제거하면 모공 속까지 청결히 세안되며 독소 물질들을 제거하여 피부 컨디셔닝 효과를 볼 수 있다.

(1) 올리브 리퀴드

올리브 리퀴드는 물, 알코올, 다른 주요 유기용매에 쉽게 용해된다. 낮은 산가 때문에 다루기 어려운 원료와도 상용성이 뛰어나고, 유수분막을 보호하여 피부로부터 탈지질 억제에 효과적이다. 식물성, 광물성 성분에서 유래한 오일에 용해되고, 지방산 알코올이나 지방산으로부터 합성한 에스터에서 분산이 가능하다.

2 실험 재료 살펴보기

주요 구성 성분

- 보습제: 올리브 퓨어 오일
- 가용화제, 클렌징 고형제: 올리브 리퀴드
- 고형화제: 밀랍
- 항산화제: 비타민 E
- 림프순환, 피부톤 개선, 진정 향료: 스윗오렌지 E.O

기기 및 분석장비

- 마그네틱바, 크림용기 25 ml(흰색), 약봉지, 마이크로튜브 3개, 라벨, 포장지, 물약병 60 ml, 막대, 스포이트, 은박컵, 비커, Hot plate, 점도계, pH 미터, Conductivity, ^{1}H NMR, SEM, Optical microscope, UV/VIS spectroscopy

(1) 올리브 퓨어 오일

올리브 열매에서 채취한 오일로 올레인산이 많이 들어 있어 보습 효과가 뛰어나기 때문에 비누의 고급 지방산 오일로 오래 전부터 사용되고 있다. 올리브 오일의 정제와 압착 정도에 따라 엑스트라 버진(Extra Virgin), 버진(Virgin), 퓨어(Pure), 포마스(Pomace)의 세 등급이 있다. 퓨어 올리브 오일은 엑스트라 버진을 짜고 남은 올리브유를 더 눌러서 남아 있는 기름을 한 번 더 짜낸 것이며 엑스트라 버진보다는 불순물이 조금 더 들어 있는 편이지만 식용으로도 사용할 수 있다. 올리브 오일에 들어 있는 비타민 E와 프로비타민은 피부노화를 막고 노폐물과 독소를 배출하여 피부를 맑고 윤기 있게 해주는 것으로 알려져 있다.

(2) 올리브 리퀴드

실험 03 레몬 스킨 만들기-실험 재료 살펴보기 (2) 참조

(3) 밀랍

실험 08 립글로스 만들기-실험 재료 살펴보기 (1) 참조

실험 18

클렌징 밤 만들기

QR 코드

실험 목표

- 비즈왁스를 이용하여 친환경 클렌징 밤을 제조해 본다.
- 클렌징 밤의 제조 구성 성분을 이해한다.
- 화장품 세정력의 원리를 이해한다.

실험 방법

① 은박컵에 올리브 퓨어 오일 6 g, 올리브 리퀴드 2 g, 비즈왁스 3 g을 넣는다.

② 은박컵을 핫플레이트에 올려 가열한다.

③ 밀랍이 거의 다 녹으면 핫플레이트에서 내려 잔열로 완전히 녹여준다.

④ 비타민 E 0.2 g을 넣고 잘 섞어준다.

⑤ 아로마 오일(스윗오렌지) 0.1 g을 첨가하고 섞어준다.

⑥ 용기에 부어서 굳히면 완성된다.

실험 TIP 등

- 성능 실험: 인조 가죽에 립스틱을 3회씩 발라 1번은 단순히 물로 2번은 클렌징 밤을 사용해 문지른 뒤 물로 세척한다.
- 실험 결과: 물로만 세척하면 잔여물이 확연히 남고 클렌징 밤을 이용하면 잔여물 없이 지워진다.

실험보고서

학과 | 학번 | 이름 | 일자 | 실험조

문제

18.1 클렌징 밤의 제조 원리는 무엇인가?

18.2 실험에서 오일 성분을 워터류에 첨가하여 가용화시키는 원료는 무엇인가?

18.3 실험에서 고형화제로 사용한 것은 무엇인가?

18.4 올리브 퓨어 오일에는 어떤 효능이 있는가?

심화학습

18.5 실험에 사용한 시약들에 대한 이름, 화학식, 구조, 특징과 기능에 대해 조사하시오.

18.6 시중에 판매되는 클렌징 밤 제품이 있다면 무엇이 있는지 쓰고, 각각의 성분들을 조사해 보시오.

실험 19 피지조절 워시오프팩 만들기

1 배경지식 쌓기

피지조절 워시오프팩은 팩을 바르고 일정 시간 후 물로 씻어내는 타입으로 피부에 자극이 적다. 팩에는 다양한 목적이 있는데, 이 제품은 피지와 노폐물 제거를 목적으로 한다.

(1) 카올린 클레이

피지조절 워시오프팩의 주요 재료인 카올린 클레이는 오염되지 않은 강가의 지하 깊이 존재한다. 실리카를 주성분으로 한 점토질의 물질이며 철, 칼슘, 마그네슘, 포타슘, 아연 등의 미네랄 성분을 포함하고 있다. 특히 햇볕에 자연 건조하여 미네랄을 활성화시킬 수 있다.

2 실험 재료 살펴보기

주요 구성 성분

- 보용제: 정제수
- 피부진정, 영양, 탄력, 항산화제: 녹차 추출물, 알로에 가루
- 피지흡착: 카올린 클레이
- 흡착: 옥수수 가루
- 보습제: 글리세린
- 방부제: 자몽 추출물
- 피지조절: 티트리 에센셜 오일

◎ 기기 및 분석장비

- 마그네틱바, 크림용기 25 ml(흰색), 약봉지, 마이크로튜브 3개, 라벨, 포장지, 물약병 60 ml, 막대, 스포이트, 은박컵, 비커, Hot plate, 점도계, pH 미터, Conductivity, ^{1}H NMR, SEM, Optical microscope, UV/VIS spectroscopy

(1) 녹차 추출물

녹차의 카테킨 성분은 피부에 수렴 작용과 진정 작용을 하여, 피부노화 방지에 효과가 있다. 또한 항산화 효과가 있어 자외선에 의한 피부노화 예방 및 억제에 효과적이다. 비타민 A, C, E 성분이 들어가 있어 피부미용에도 좋다고 알려져 있다.

(2) 티트리

화농성 피부, 여드름 치료, 햇빛에 그을린 피부 진정, 습진, 사마귀, 헤르페스, 비듬, 발진 등에 효과가 좋다. 또한 호흡기에 좋은 화학 성분을 함유하여 감기 예방에 효과적인 것으로 알려져 있다.

실험 19

피지조절 워시오프팩 만들기

QR 코드

실험 목표

- 카올린 클레이를 이용하여 친환경 피지조절 워시오프팩을 제조해 본다.
- 피지조절 워시오프팩의 제조 구성 성분을 이해한다.
- 피지조절의 원리를 이해한다.

실험 방법

① 깨끗한 용기에 카올린 클레이 5 g, 옥수수 가루 2 g, 알로에 가루 1 g을 넣고 섞는다.
② 녹차 추출물 2 g, 글리세린 1 g을 넣고 잘 섞는다.
③ 정제수 3 g을 넣고 섞는다.
④ 천연방부제 0.5 g과 티트리 E.O 0.1 g(3방울)를 넣고 잘 섞는다.
⑤ 용기에 부으면 완성된다.

실험 TIP 등

➔ 컵과 용기는 알코올 솜을 이용하여 소독한 후 사용해야 한다.
➔ 약품의 양은 오차 범위 내에서 조절해야 한다.

실험보고서

학과 　　　 학번 　　　 이름 　　　 일자 　　　 실험조

문제

19.1 피지조절 워시오프팩의 제조 원리는 무엇인가?

19.2 실험에서 피지를 흡착시키는 원료는 무엇인가?

19.3 실험에서 피부진정, 영양, 탄력 및 항산화제로 사용한 것은 무엇인가?

심화학습

19.4 실험에 사용한 시약들에 대한 이름, 화학식, 구조, 특징과 기능에 대해 조사하시오.

19.5 시중에 판매되는 피지조절 워시오프팩 제품이 있다면 무엇이 있는지 쓰고, 각각의 성분들을 조사해 보시오.

실험 20 피부진정 스킨 만들기

1 배경지식 쌓기

피부진정 스킨은 비누 세안에 의해 상승된 피부의 pH를 정상적인 상태로 돌아오게 하고 피부결을 정돈시켜 준다.

(1) 프로폴리스

프로폴리스는 항염, 항산화, 면역력 증가에 효과적이며, 사람의 몸에 염증을 일으키는 프로스타글란딘을 만들어내는 효소를 절반까지 줄여준다. 또한 프로폴리스는 여러 물질의 복합체이지만 프로폴리스의 구성 성분 중 가장 중요한 물질은 활성산소를 없애 항산화 효과가 있는 플라보노이드이다. 특히 항암 효과를 나타내는 케르세틴이 포함되어 있기 때문에 암세포 유전자가 복제되기 전에 차단한다. 프로폴리스에 함유된 플라보노이드(Flavonoid)는 대부분의 식물에 존재하며 C6-C3-C6를 기본 골격으로 담황색 또는 노란색을 띠고 있는 페놀계 화합물을 말한다. 플라보노이드의 주요 생리적 활성 기능으로는 항균 작용, 항산화 작용 등이 있다.

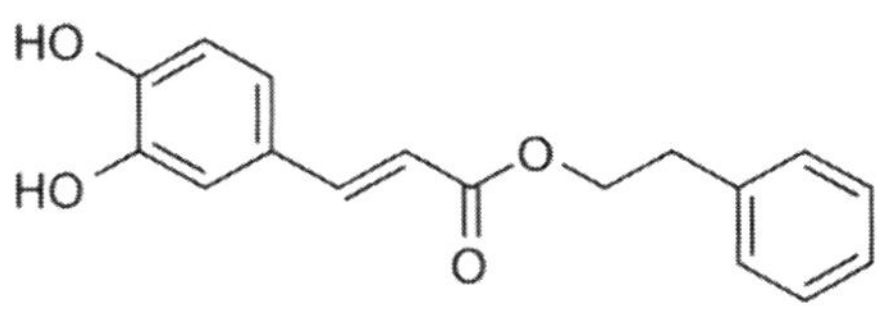

그림 20.1 프로폴리스

2 실험 재료 살펴보기

주요 구성 성분

- 용제: 정제수 90 g
- 가용화제: 올리브 리퀴드 1 g
- 항염, 항산화, 면역력 증가: 프로폴리스 1 g
- 습제: 글리세린 5 g
- 방부제: 자몽 추출물 1 g
- 피지조절: 티트리 에센셜 오일 0.1 g

기기 및 분석장비

- 종이컵, 마이크로튜브 3개, 라벨, 포장지, 막대, 물약병12, 마그네틱바, 스프레이 용기100, 스포이트, 비커, 점도계, pH 미터, Conductivity, ^{1}H NMR, SEM, Optical microscope, UV/VIS spectroscopy

(1) 올리브 리퀴드

실험 03 레몬 스킨 만들기-실험 재료 살펴보기 (2) 참조

(2) 티트리

실험 19 피지제거 워시오프팩 만들기-실험 재료 살펴보기 (2) 참조

실험 20

피부진정 스킨 만들기

QR 코드

실험 목표

- 프로폴리스를 이용하여 친환경 피부진정 스킨을 제조해 본다.
- 피부진정 스킨의 제조 구성 성분을 이해한다.
- 피부진정의 원리를 이해한다.

실험 방법

① 종이컵에 올리브 리퀴드 1 g과 티트리 오일 0.1 g을 담아 섞는다.
② 프로폴리스 1 g, 글리세린 5 g, 천연방부제 1 g을 넣어 잘 섞는다.
③ 종이컵에 정제수를 조금씩 부어 첨가물과 함께 잘 섞는다.
④ 종이컵 입구를 접어 용기에 넣은 뒤 흔들어 사용해 본다.

실험 TIP 등

- 컵과 용기는 알코올 솜을 이용하여 소독한 후 사용해야 한다.
- 약품의 양은 오차 범위 내에서 조절해야 한다.

실험보고서

학과 학번 이름 일자 실험조

문제

20.1 피지조절 워시오프팩의 제조 원리는 무엇인가?

20.2 실험에서 오일 성분을 워터류에 첨가해 가용화하도록 하는 원료는 무엇인가?

20.3 실험에서 항염, 항산화 및 면역증강제로 사용한 것은 무엇인가?

심화학습

20.4 실험에 사용한 시약들에 대한 이름, 화학식, 구조, 특징과 기능에 대해 조사하시오.

20.5 시중에 판매되는 피부진정 스킨 제품이 있다면 무엇이 있는지 쓰고, 각각의 성분들을 조사해 보시오.

실험 21 수분크림 만들기

1 배경지식 쌓기

(1) 코엔자임 수분크림

코엔자임 수분크림은 수분 함유량이 많은 크림으로 피부에 충분한 수분을 공급해 준다. 지나치게 많이 바르면 오히려 피부에 흡수되지 않고 겉돌 수 있다. 알로에모이스트와 아카시아 콜라젠이 피부를 보습해주고, 코엔자임과 비타민 E가 항산화 작용을 하여 피부를 노화로부터 지켜준다.

21.1.2 코엔자임Q10

코엔자임Q10은 인체에 존재하는 다양한 조효소 중 하나이다. 줄여서 코큐텐, 혹은 유비데카레논(유비퀴논)으로 불리기도 한다. 비단백질로서 무극성 분자이다. 세포 호흡 사슬에 관여하는 중요한 분자이며 주로 미토콘드리아에 분포한다. 미토콘드리아 내막의 지질층 내에서 자유롭게 확산되는 분자이다.

구연산 회로의 구성 물질 중 하나로, 이게 없으면 세포가 ATP를 만들 수가 없지만 다행히도 체내에서 자체 생산된다.

또 다른 기능으로는, 비타민 E와 함께 작용하는 항산화 기능이 있다. 이 수분크림 만들기 실험에서는 피부에 수분을 채워줄 뿐 아니라 항산화 작용을 하여 피부 노화를 더디게 하는 성분이다.

비타민 E는 각종 위험한 반응성이 큰 불안정한 물질(활성산소)과 반응하면서 반응성을 무력화하는데 정작 비타민 E가 불안정한 물질로 바뀐다. 불안정해진 비타민 E를 다시 안정된 물질로 바꾸어주는 역할을 CoQ10이 담당한다.

비타민 Q라고도 부르지만, 일단 체내 합성이 가능하기에 비타민은 아니다. 고등어, 꽁치, 정어리 등의 등푸른 생선과 현미, 계란, 두류, 시금치, 땅콩 등의 견과류에도 포함되어 있다. 코엔자임Q10은 육류 등의 음식을 통해 소량을 얻을 수 있으나 대부분은 체내에서 알아서 만들어진다. 하지만 코엔자임Q10의 체내 합성량은 20대에 정점을 찍은 이후 서서히 합성량이 감소하기 때문에 보충해야 한다는 주장이 있다. 다음 그림을 통해 코엔자임Q10의 구조식을 알 수 있다.

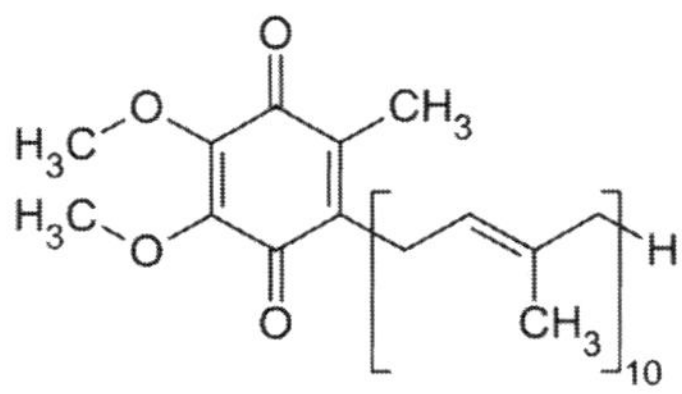

그림 21.1 코엔자임Q10

2 실험 재료 살펴보기

주요 구성 성분

- 수분 밸런스 조절, 노화 예방, 상처 치유: 알로에 모이스트 15 g
- 진정, 항염증: 아카시아 콜라젠 0.5 g
- 항산화, 노화 방지: 코엔자임Q10(지용성) 0.1 g
- 항산화, 노화 방지: 비타민 E 0.1 g
- 방부제: 자몽 추출물 0.5 g
- 향료: 레몬 에센셜오일 0.1 g

기기 및 분석장비

- 마그네틱바, 크림용기 25ml-흰색, 마이크로튜브 4개, 라벨, 포장지, 막대, 스포이트, 비커, 점도계, pH 미터, Conductivity, ^{1}H NMR, SEM, Optical microscope, UV/VIS spectroscopy

(1) 비타민 E

이 실험의 주요 성분 중 하나인 비타민 E는 지용성 비타민의 한 종류로 생체막에서 지방질 산화 방지, 적혈구 보호, 세포 호흡, 헴 합성 및 혈소판 응집에 관여한다. 비타민 E는 토코페롤과 토코트리에놀(Tocotrienol)을 모두 포함하는 화합물을 의미한다. 식물성 기름, 밀이나 쌀의 씨눈, 우유, 달걀의 노른자, 채소의 푸른 잎 따위에 들어 있다.

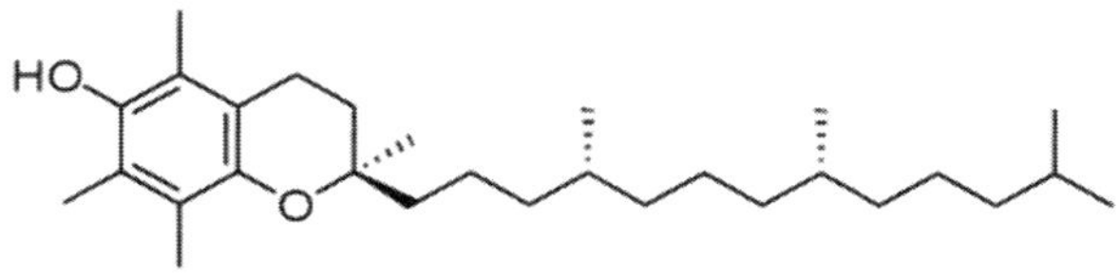

그림 21.2 비타민 E

(2) 아카시아 콜라겐

실험 02 알로에 스킨 만들기-실험 재료 살펴보기 (2) 참조

실험 21

수분크림 만들기

QR 코드

실험 목표

- 코엔자임Q10을 이용하여 친환경 수분크림을 제조해 본다.
- 수분크림의 제조 구성 성분을 이해한다.
- 수분크림의 원리를 이해한다.

실험 방법

① 용기에 알로에 모이스트 15 g, 아카시아 콜라젠 0.5 g을 넣고 섞는다.
② 코엔자임Q10 0.1 g, 비타민 E 0.1 g을 넣고 섞는다.
③ 천연방부제 0.5 g과 레몬 에센셜오일 0.1 g을 넣고 섞는다.
④ 용기에 부으면 완성된다.

실험 TIP 등

- 컵과 용기는 알코올 솜을 이용하여 소독한 후 사용해야 한다.
- 약품의 양은 오차 범위 내에서 조절해야 한다.

실험보고서

학과 | 학번 | 이름 | 일자 | 실험조

문제

21.1 수분크림의 제조 원리는 무엇인가?

21.2 실험에서 수분 밸런스 조절, 노화 방지 및 상처 치유의 목적으로 사용한 원료는 무엇인가?

21.3 실험에서 항산화 및 노화 방지제로 사용한 것은 무엇인가?

심화학습

21.4 실험에 사용한 시약들에 대한 이름, 화학식, 구조, 특징과 기능에 대해 조사하시오.

21.5 시중에 판매되는 수분크림 제품이 있다면 무엇이 있는지 쓰고, 각각의 성분들을 조사해 보시오.

실험 22 아토크림 만들기

1 배경지식 쌓기

(1) 아토크림

아토크림은 지방유나 유랍 중의 하나와 물을 유화제로 유화시켜 원료와 전혀 다른 품질형체로 만든 제품의 총칭이다. 로션보다 점성이 높으며 피부를 보호하고 영양을 공급한다. 스킨케어 제일 마지막 단계에 발라 앞서 발랐던 제품의 증발을 막는다. 달맞이꽃 오일과 세라마이드가 피부 건조에 의한 가려움과 자극을 완화시켜주고, 자극에 민감한 피부를 부드럽게 가꾸어준다.

(2) 달맞이꽃 오일

달맞이꽃 오일은 필수 지방산인 리놀렌산[**그림 22.1**]이 함유되어 피부보습, 민감성 피부, 트러블, 가려움에 효과적이다. 또한 세포에 활력을 주어 피부노화 예방 및 마른 버짐이나 피부염에 효과가 있어 아토피에 좋다고 알려져 있어 세포 활력 공급을 극대화시키는 성분으로 활용한다.

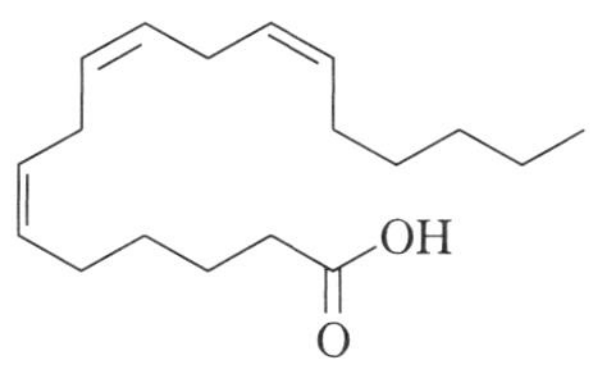

γ-linolenic acid

그림 22.1 리놀렌산

2 실험 재료 살펴보기

주요 구성 성분

- 용제: 정제수 12 g
- 캐리어 오일, 피부보호, 살균작용: 호호바 오일 3 g
- 리놀렌산 포함 아토피, 민감성: 달맞이꽃 오일 2 g
- 피부장벽, 보습유지: 세라마이드 0.5 g
- 유화제: 올리브 유화왁스 1 g
- 유화보조제, 증점제: 세틸 알코올 0.6 g
- 천연방부제: 자몽 추출물 0.5 g
- 향료: 라벤더 에센셜오일 0.1 g

기기 및 분석장비

- 호모게나이저, Hot plate, 크림용기 25ml-흰색, 물약병12 2개, 마이크로튜브 3개, 막대, 라벨, 포장지, 은박컵 2개, 약봉지 2개, 스포이트, 비커, 점도계, pH 미터, Conductivity, ^{1}H NMR, SEM, Optical microscope, UV/VIS spectroscopy

(1) 호호바 오일

호호바는 미국 캘리포니아, 멕시코 남부 지방에서 자생하는 열매로, 호호바 오일은 이 열매의 씨를 압착해 추출한 것이다. '오일'이란 이름이 붙었지만 일반적인 식물성 오일과는 다른 액상 왁스 형태로, 사람의 피지 성분과 유사한 분자 구조를 가진다. 독성과 냄새가 거의 없어 향에 민감한 사람들도 거부감 없이 사용 가능하며 산화가 느리고 고온에 강하기 때문에 다른 오일보다 오랜 기간 사용이 가능하다. 호호바 오일은 예로부터 상처 치료 및 피부보호를 위해 사용됐다. 호호바 오일은 인체의 피지성분과 유사하여 흡수가 잘 되고 보습력이 뛰어나다.

국제분자과학 학회지에 실린 연구에서는 호호바 오일이 지루성 피부염, 여드름, 습진, 피부 노화 등 다양한 피부 고민에 효과가 있다고 밝혔다. 호호바 오일은 희석하지 않고 피부 및 머리카락에 사용 가능하다. 얼굴 보습을 위해서는 자기 전 호호바 오일

5~6방울을 손바닥에 떨어뜨린 후 충분히 비벼 얼굴을 감싸듯 발라준다. 푸석해진 머리카락을 윤기나게 하기 위해선 호호바 오일 한 숟갈을 머리카락에 바르고 20분간 방치 후 샴푸를 하면 좋다.

호호바 오일은 여드름과 같은 피부트러블에도 좋은 효능이 있는데, 위의 설명과 같이 사람의 피지와 가장 비슷한 구조의 오일로 바르게 되면 피부가 이미 피지의 과다분비로 인해 생길 수 있는 여드름과 같은 피부 트러블을 억제하고 모공 확장을 막아주며 피부의 노폐물을 배출해 준다. 또한 여드름에 의한 흉터 및 염증 등을 치료하는 데에도 효과적이다.

(2) 올리브 유화왁스

올리브 유화왁스는 HLB값이 9로 유화 안정도도 좋고 피부에도 자극적이지 않아 가장 많이 쓰이는 유화제 중 하나이다.

올리브 유화왁스의 원래 재료명은 Oilvem 1000으로 이태리의 B&T Comoany라는 올리브를 주원료로 화장품 재료를 만드는 회사에서 개발한 유화제로서 올리브 오일에서 추출해 낸 PEG(폴리에틸렌글라이콜)가 함유되어 있지 않은 O/W 유화제이다.

액정 구조를 형성하여 매우 안정적인 에멀젼 형태를 유지한다. 부드러운 질감과 우수한 퍼짐성을 가지며, 피부의 단백질과 지방질을 용해시키지 않으면서 흡수되고 피부의 삼투 수분 손실을 줄여주기도 한다. 주로 아토피, 민감성 피부를 위한 로션이나 크림에 사용된다. 로션, 크림 제조 시에는 3~5 % 비율로 사용하면 좋다고 알려져 있다.

22.2.3 세틸알코올

고급 지방족 알코올의 혼합물인 세틸알코올($C_{16}H_{34}O$)은 계면활성제(거품촉진제, 유화제), 불투명화제, 유화안정제, 점도증가제(비수성, ,수성), 착향제 등으로 사용된다.

에테르 등 유기 용매에는 녹지만, 물에는 녹지 않는다. 향유고래의 뇌에서 얻은 경랍 속에 천연 상태로 함유되어 있다. 1817년 프랑스의 화학자 E. 셰브륄에 의하여 조제되었고, 이 방법은 여전히 제조법 중 하나로 사용되고 있다. 연고의 재료로서 의약품 등에 사용된다.

세틸알코올(Cetyl Alcohol, 세탄올, cetanol) 자체에는 유화력은 없지만, 유화물의 유화안정 보조제로서 우수한 성질을 갖고, O/W형, W/O형 어떤 유화물에도 유효하다. 또한 피부를 보호하며 부드럽게 하고, 끈적임이 없이 광택을 부여하며 유화물의 백색도를 높여 주고 포수성(물을 안고 있는 성질)이 우수하다.

크림류, 유액류의 배합 원료로 이용되고, 립스틱 등 스틱류에 배합하여, 피부보호, 융점, 조도, 퍼짐성 등의 개질에 이용한다.

실험 22

아토크림 만들기

QR 코드

실험 목표

- 달맞이꽃 오일을 이용하여 친환경 아토크림을 제조해 본다.
- 아토크림의 제조 구성 성분을 이해한다.
- 아토크림의 원리를 이해한다.

실험 방법

① 은박컵에 호호바 오일 3 g, 달맞이꽃 오일 2 g, 세라마이드 0.5 g, 올리브유화 왁스 1 g, 세틸알코올 0.6 g을 넣고 섞는다.

② 다른 은박컵에 정제수를 넣고 두 컵을 동시에 가열한다(반드시 동시에 가열).

③ 왁스가 다 녹으면 수상층에 유상층을 혼합하고, 호모게나이저로 분산한다(2,500 rpm, 10~20초).

④ 다 식을 때까지 나무 막대로 믹싱한 후, 천연방부제 0.5 g과 라벤더 오일 0.4 g을 넣고 섞는다.

⑤ 용기에 부으면 완성된다.

실험 TIP 등

- 컵과 용기는 알코올 솜을 이용하여 소독한 후 사용해야 한다.
- 약품의 양은 오차 범위 내에서 조절해야 한다.

실험보고서

학과 　　 학번 　　 이름 　　 일자 　　 실험조

문제

22.1 아토크림의 제조 원리는 무엇인가?

22.2 실험에서 리놀렌산을 포함하고 있으며, 아토피 치유의 목적으로 사용한 원료는 무엇인가?

22.3 유화제로 사용한 왁스는 무엇인가?

심화학습

22.4 실험에 사용한 시약들에 대한 이름, 화학식, 구조, 특징과 기능에 대해 조사하시오.

22.5 시중에 판매되는 아토크림 제품이 있다면 무엇이 있는지 쓰고, 각각의 성분들을 조사해 보시오.

실험 23 미백 에센스 만들기

1 배경지식 쌓기

미백 에센스는 피부에 효과적인 성분을 농축하여 소량으로 집중적인 기능성 효과를 볼 수 있다. 일반적으로 스킨 또는 로션 다음 단계에 사용한다. 피부 미백을 도와주는 추출물들이 색소 침착을 억제하여 피부를 맑게 해준다.

2 실험 재료 살펴보기

주요 구성 성분

- 용제: 정제수 12 g
- 캐리어 오일, 피부보호, 살균작용: 호호바 오일 2 g
- 재생, 상처치료: 아보카도 오일 1 g
- 유화제: 올리브유화 왁스 0.5 g
- 유화보조제, 점증제: 세틸 알코올 0.3 g
- 천연방부제: 자몽 추출물 0.5 g
- 미백: 리얼화이트컴플렉스 1 g
- 미백 보조 향료: 레몬 에센셜오일 0.1 g

기기 및 분석장비

- 호모게나이저, Hot plate, 용기, 스포이트, 비커, 점도계, pH 미터, Conductivity, ^{1}H NMR, SEM, Optical microscope, UV/VIS spectroscopy

(1) 아보카도 오일

아보카도 오일은 불건성유로 아보카도씨를 압착하여 뽑아낸 기름이다. 원산지는 주로 남미나 북미이며 특히 주성분이 불포화지방산인 올레인산이 많이 함유되어 있고, 항산화 물질, 생체 활성 화합물, 토코페놀이 풍부하다. 또 비타민과 포타슘이 풍부하여 고혈압이나 피부 미용에도 탁월하다. 그러나 산화가 잘되는 오일이기 때문에 보관을 잘 해야 한다.

25.2.1 올리브유화 왁스

실험 22 아토크림 만들기-실험 재료 살펴보기 (2) 참조

22.2.3 세틸 알코올

실험 22 아토크림 만들기-실험 재료 살펴보기 (3) 참조

실험 23

미백 에센스 만들기

QR 코드

실험 목표

- 리얼화이트컴플렉스를 이용하여 친환경 미백 에센스를 제조해 본다.
- 미백 에센스의 제조 구성 성분을 이해한다.
- 미백 에센스의 원리를 이해한다.

실험 방법

① 은박컵에 호호바 오일 2 g과 아보카도 오일 1 g, 올리브 유화왁스 0.5 g, 세틸 알코올 0.3 g, 리얼화이트컴플렉스 1 g을 섞는다.

② 다른 은박컵에 정제수 12 g을 넣고 두 컵을 가열한다(반드시 동시에 가열).

③ 왁스가 다 녹았으면 수상층에 유상층을 혼합하고, 호모게나이저로 분산한다(2,000 rpm, 10~20초).

④ 에센스가 식을 때까지 나무막대로 섞는다.

⑤ 천연방부제 0.5 g, 레몬 E.O 0.1 g을 넣고 믹싱한다.

⑥ 이후 깨끗한 용기에 부으면 완성된다.

실험 TIP 등

➔ 컵과 용기는 알코올 솜을 이용하여 소독한 후 사용해야 한다.

➔ 약품의 양은 오차 범위 내에서 조절해야 한다.

실험보고서

학과   학번   이름   일자   실험조

문제

23.1 미백 에센스의 제조 원리는 무엇인가?

23.2 실험에서 리얼화이트컴플렉스는 어떤 목적으로 사용한 원료인가?

23.3 유화제로 사용한 왁스는 무엇인가?

심화학습

23.4 실험에 사용한 시약들에 대한 이름, 화학식, 구조, 특징과 기능에 대해 조사하시오.

23.5 시중에 판매되는 미백 에센스 제품이 있다면 무엇이 있는지 쓰고, 각각의 성분들을 조사해 보시오.

실험 24 피부 재생 미스트 만들기

1 배경지식 쌓기

피부 재생 미스트는 미세한 크기의 수분 입자를 피부에 뿜어 피지 흡입력을 높여준다. 프로폴리스와 알란토인 성분이 피부 재생을 도와준다. 스프레이 타입으로 건조할 때 피부에 분사하여 수분을 공급해준다.

2 실험 재료 살펴보기

주요 구성 성분

- 용제: 정제수 95 g
- 항염, 항산화, 면역력 증강: 프로폴리스 1 g
- 항산화제: 알란토인 1 g
- 가용화제: 올리브 리퀴드 0.4 g
- 재생, 보습, 항염: 라벤더 추출물 0.1 g
- 천연방부제: 자몽 추출물 0.4 g

  프로폴리스, 알란토인, 라벤더 추출물, 올리브 리퀴드

기기 및 분석장비

- 마이크로튜브 4개, 스프레이 100ml 용기, 종이컵, 약봉지, 라벨, 포장지, 막대, 스포이트, 비커, 점도계, pH 미터, Conductivity, ^{1}H NMR, SEM, Optical microscope, UV/VIS spectroscopy

(1) 라벤더 추출물

라벤더 추출물은 라벤더의 전초에서 추출하여 얻은 성분이다. 라벤더는 그리스 로마 시대부터 입욕제로 사용되었고, 중세시대에는 향수로도 사용되었다. 외부 유해 물질의 활성화를 저해하고 피부의 염증을 완화하는 역할을 하여 건강한 피부유지에 도움을 준다. 또한 피부 생성 주기에 도움을 주어 새로운 피부층 전환에 도움을 주는 것으로 알려져 있다.

(2) 올리브 리퀴드(3.2.2절 참조)

실험 03 레몬 스킨 만들기-실험 재료 살펴보기 (2) 참조

(3) 프로폴리스

실험 20 피부 진정 스킨 만들기-배경지식 쌓기 (1) 참조

(4) 알란토인

알란토인[**그림 24.1**]은 상수리나무 컴프리 뿌리와 사탕무, 밀의 싹 같은 곳에서 추출되는 물질로 알레르기를 일으키지 않는 안전성 제품으로 화장품에도 많이 응용되고 있으며, 세포의 활동을 활성화시킨다. 또한 가려움을 방지하며, 피부 진정 효과가 뛰어난 것으로 알려져 있다.

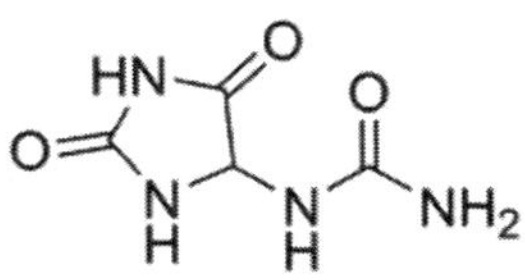

그림 24.1 알란토인

실험 24

피부 재생 미스트 만들기

QR 코드

실험 목표

- 프로폴리스와 알란토인을 이용하여 피부 재생 미스트를 제조해 본다.
- 피부 재생 미스트의 제조 구성 성분을 이해한다.
- 피부 재생 미스트의 원리를 이해한다.

실험 방법

① 종이컵에 정제수를 조금 넣고, 알란토인 1 g을 넣어 섞는다.

② 프로폴리스 1 g, 천연방부제 0.4 g을 넣고 섞는다.

③ 올리브 리퀴드 0.4 g에 라벤더추출물 0.1 g을 넣어 흔든다.

④ ③을 ②에 넣어 섞는다.

⑤ 스프레이 용기에 담아 흔들어 사용해 본다.

실험 TIP 등

➔ 컵과 용기는 알코올 솜을 이용하여 소독한 후 사용해야 한다.

➔ 약품의 양은 오차 범위 내에서 조절해야 한다.

실험보고서

학과 | 학번 | 이름 | 일자 | 실험조

문제

24.1 피부 재생 미스트의 제조 원리는 무엇인가?

24.2 실험에서 항염, 항산화, 면역력 증가를 목적으로 사용한 원료는 무엇인가?

24.3 알란토인의 역할은 무엇인가?

심화학습

24.4 실험에 사용한 시약들에 대한 이름, 화학식, 구조, 특징과 기능에 대해 조사하시오.

24.5 시중에 판매되는 피부 재생 미스트 제품이 있다면 무엇이 있는지 쓰고, 각각의 성분들을 조사해 보시오.

실험 25 보습 로션 만들기

1 배경지식 쌓기

피부 재생 미스트는 미세한 크기의 수분 입자를 피부에 뿜어 피지 흡입력을 높여준다. 프로폴리스와 알란토인 성분이 피부 재생을 도와준다. 스프레이 타입으로 건조할 때 피부에 분사하여 수분을 공급해준다.

2 실험 재료 살펴보기

주요 구성 성분

- 용제: 정제수 12 g
- 보습, 영양, 노화방지제: 올리브 엑스트라 버진 오일 6 g
- 유화제: 올리브유화 왁스 1 g
- 유화보조제: 세틸 알코올 0.2 g
- 피지조절, 트러블 완화: 라벤더 추출물 0.1 g
- 천연방부제: 자몽 추출물 0.4 g

기기 및 분석장비

- 호모게나이저, Hot plate, 물약병 12 ml 2개, 마이크로튜브 2개, 샴푸용기 20 ml 용기, 약봉지, 은박컵 2개, 라벨, 포장지, 막대, 스포이트, 비커, 점도계, pH 미터, Conductivity, ^{1}H NMR, SEM, Optical microscope, UV/VIS spectroscopy

(1) 올리브 엑스트라 버진 오일

올리브 엑스트라 버진 오일은 올리브 열매에서 채취하는 오일로 올레인산을 많이 포함하고 있어 보습 효과가 뛰어나다. 특히, 건성피부, 보습, 노화방지, 어린이 피부에 효과적이다.

실험 25

보습 로션 만들기

QR 코드

실험 목표

- 올리브 엑스트라 버진 오일을 이용하여 보습 로션을 제조해 본다.
- 보습 로션의 제조 구성 성분을 이해한다.
- 보습 로션의 원리를 이해한다.

실험 방법

① 올리브 엑스트라 버진 오일 6 g과 올리브 유화왁스 1 g, 세틸 알코올 0.2 g을 넣고 섞으면서 가열한다.

② 정제수 12 g을 다른 은박컵에 붓는다.

③ 왁스가 다 녹았다면 유상층을 수상층에 넣고 호모게나이저로 분산시킨다(2,500 rpm, 10~20초).

④ 식을 때까지 막대로 젓는다.

⑤ 천연방부제 0.4 g과 라벤더 추출물 0.1 g을 넣고 섞는다.

⑥ 깨끗한 용기에 담아 사용한다.

실험 TIP 등

➔ 컵과 용기는 알코올 솜을 이용하여 소독한 후 사용해야 한다.

➔ 약품의 양은 오차 범위 내에서 조절해야 한다.

실험보고서

학과 　　 학번 　　 이름 　　 일자 　　 실험조

문제

25.1 보습로션의 제조 원리는 무엇인가?

25.2 실험에서 보습, 영양, 노화방지의 목적으로 사용한 원료는 무엇인가?

25.3 보습로션 제조에서 올리브유화 왁스의 역할은 무엇인가?

심화학습

25.4 실험에 사용한 시약들에 대한 이름, 화학식, 구조, 특징과 기능에 대해 조사하시오.

25.5 시중에 판매되는 보습로션 제품이 있다면 무엇이 있는지 쓰고, 각각의 성분들을 조사해 보시오.

실험 26 민감성 크림 만들기

1 배경지식 쌓기

민감성 크림은 피부에 자극을 줄 수 있는 향료나 에탄올 등을 첨가하지 않고 만드는 크림으로 민감성 피부나 여드름 피부, 복합성 피부와 같이 자극을 주게 되었을 때, 트러블이 쉽게 올라올 가능성이 있는 피부에 자극 없이 유·수분을 채울 수 있는 크림이다.

2 실험 재료 살펴보기

주요 구성 성분

- 용제: 정제수 12 g
- 보습, 영양, 노화방지제: 올리브 엑스트라 버진 오일 6 g
- 유화제: 올리브유화 왁스 1 g
- 유화보조제: 세틸 알코올 0.2 g
- 피지조절, 트러블 완화: 라벤더 추출물 0.1 g
- 천연방부제: 자몽 추출물 0.4 g

기기 및 분석장비

- 호모게나이저, Hot plate, 물약병 12 ml 2개, 마이크로튜브 2개, 샴푸용기 20 ml 용기, 약봉지, 은박컵 2개, 라벨, 포장지, 막대, 스포이트, 비커, 점도계, pH 미터, Conductivity, ^{1}H NMR, SEM, Optical microscope, UV/VIS spectroscopy

(1) 로즈힙 오일

로즈힙 오일은 필수 지방산의 공급원인 리놀레익산, 리놀레닉산, 각종 미네랄 및 다량의 비타민 등 풍부한 영양소를 가지고 있다. 특히, 피부노화 방지, 피부보습, 피부재생, 피부보호 등의 기능을 가지고 있다고 알려져 있다.

(2) 올리브유화 왁스

실험 22 아토크림 만들기-실험 재료 살펴보기 (2) 참조

(3) 세틸알코올(22.2.3절 참조)

실험 22 아토크림 만들기-실험 재료 살펴보기 (3) 참조

실험 26

민감성 크림 만들기

QR 코드

실험 목표

- 로즈힙 오일을 이용하여 민감성 크림을 제조해 본다.
- 민감성 크림의 제조 구성 성분을 이해한다.
- 민감성 크림의 원리를 이해한다.

실험 방법

① 아보카도 오일 2 g과 로즈힙 오일 0.2 g, 비즈 왁스 2 g, 올리브 유화왁스 1 g, 세틸 알코올 0.6 g을 넣고 섞어주면서 가열한다.

② 정제수 12 g과 녹차 추출물 2 g을 다른 은박컵에 담고 섞어주면서 가열한다.

③ 왁스가 다 녹으면 수상층에 유상층을 넣고 호모게나이저로 분산시킨다(2,500 rpm, 10~20초).

④ 천연방부제 0.5 g을 넣고 크림이 식을 때까지 막대로 섞는다.

⑤ 깨끗한 용기에 담아준다.

실험 TIP 등

➔ 컵과 용기는 알코올 솜을 이용하여 소독한 후 사용해야 한다.

➔ 약품의 양은 오차 범위 내에서 조절해야 한다.

실험보고서

학과 학번 이름 일자 실험조

문제

26.1 민감성 크림의 제조 원리는 무엇인가?

26.2 실험에서 피부진정, 보습, 영양, 탄력, 항산화의 목적으로 사용한 원료는 무엇인가?

26.3 로즈힙 오일의 역할은 무엇인가?

심화학습

26.4 실험에 사용한 시약들에 대한 이름, 화학식, 구조, 특징과 기능에 대해 조사하시오.

26.5 시중에 판매되는 민감성 크림 제품이 있다면 무엇이 있는지 쓰고, 각각의 성분들을 조사해 보시오.

실험 27 두피 케어 스프레이 만들기

1 배경지식 쌓기

두피 케어 스프레이는 모발에 뿌려 수분과 영양을 공급한다. 건조하고 푸석하게 갈라지는 두피에 수시로 뿌려 유, 수분 밸런스를 유지하도록 한다. 모발에 헤어미스트를 사용하면 보호막을 형성하여 정전기를 방지해준다.

(1) 녹차 추출물

녹차 추출물은 차나무의 잎에서부터 추출한 천연물 성분이며 녹차 추출물에는 여러 아미노산, 미네랄(포타슘, 망간 등), 폴리페놀(플라보노이드, 카테킨 등), 단백질, 당분이 함유되어 있다. 이 중 EGCG라는 주목할 만한 물질이 있는데 이는 폴리페놀계 물질인 카테킨류의 하나로 높은 항산화 활동을 하며 자외선으로 인한 콜라젠의 분해를 막아줌으로써 피부를 자외선으로부터 보호해 주는 역할을 한다.

이로 인해 녹차 추출물은 피부 내의 콜라젠 양이 저하되는 걸 방지하고 탄력 있는 피부를 가질 수 있게 도와준다. 그러므로 EGCG와 여러 폴리페놀이 함유된 녹차 추출물은 좋은 항산화 성분이며 그로 인한 노화방지 효과도 준다. 또한 플라보노이드 중에 퀴세르틴은 항산화 작용뿐 아니라 혈관 확장과 해독 작용을 함으로 피부의 건강함을 유지할 수 있게 한다.

녹차 추출물은 활성화 산소를 제거하는 능력이 뛰어나 항산화 및 노화 방지뿐만 아니라 염증 제거 능력과 항균 능력에도 효과를 준다. 이것은 인체에 특별히 해롭진 않지만, 피부 타입에 따라 자극성 반응이나 알레르기성 반응이 나올 수 있으니 주의하는 것이 좋다.

(2) 실크 아미노산

실크 아미노산은 인간의 피부나 모발을 구성하는 아미노산 조성비와 유사하여 피부나 모발에 높은 친화력을 가진다. 또한 필수 아미노산 8종, 비필수 아미노산 10종, 총 18종의 아미노산을 함유하여 피부에 자극이 없고, 적당한 흡습성과 방습성을 가지며 공기 투과성이 뛰어난 것으로 잘 알려져 있다.

2 실험 재료 살펴보기

주요 구성 성분

- 용제: 정제수 24 g
- 발모, 두피 케어: 네틀 추출물 1 g
- 모발보호: 실크 아미노산 0.03 g
- 진정, 항염증: 아카시아 콜라겐 1 g
- 천연방부제: 자몽 추출물 0.3 g
- 보습, 영양, 탄력: 녹차 추출물 1 g
- 항염증: 티트리 E.O 0.25 g

기기 및 분석장비

- 마이크로튜브 4개, 스프레이 30 ml 용기, 약봉지, 라벨, 물약병 60 ml, 포장지, 종이컵, 막대, 스포이트, 비커, 점도계, pH 미터, Conductivity, ^{1}H NMR, SEM, Optical microscope, UV/VIS spectroscopy

(1) 네틀 추출물

네틀 추출물은 히스타민, 아세틸산, 클로로필, 비타민 C, 비타민 A, 규소, 철, 포타슘과 같은 미네랄이 풍부하게 함유되어 있다. 샴푸에 사용하면 발모 효과가 있고, 린스에 사용하면 비듬방지 효과를 볼 수 있다. 또한 모발이 튼튼해져 탈모방지 기능도 있다. 이외에도 피부 진정, 보습에 효과적으로 알려져 있다.

(2) 티트리 E.O

티트리는 오일의 형태로 증류하여 사용하는 경우가 많다. 또한 항균성과 항진균성 등의 효능이 있는 것으로 입증되었다. 제2차 세계대전 중에는 피부창상의 치료제로서 열대지방 군인에게 지급되어 상처를 치료하는 데 쓰였다고 한다. 항균성, 항진균성이라는 효능 때문에 상처 소독제, 여드름 진정제, 무좀 치료제, 호흡기 질환 치료제 등 약제나 화장품의 형태로 다양하게 사용되고 있다.

실험 27

두피 케어 스프레이 만들기

QR 코드

실험 목표

- 네틀 추출물을 이용하여 두피 케어 스프레이를 제조해 본다.
- 두피 케어 스프레이의 제조 구성 성분을 이해한다.
- 두피 케어 스프레이의 원리를 이해한다.

실험 방법

① 종이컵에 정제수 24 g을 넣고, 네틀추출물 1.0 g, 녹차추출물 1 g, 실크 아미노산 0.03 g을 넣어 섞어준다.

② 아카시아콜라젠 1.0 g, 천연방부제 0.3 g을 넣고 섞어준다.

③ 티트리 E.O 0.25 g을 넣어 흔들어준다.

④ 완성된 후 소독한 용기에 담아 사용해 본다.

실험 TIP 등

➔ 컵과 용기는 알코올 솜을 이용하여 소독한 후 사용해야 한다.

➔ 약품의 양은 오차 범위 내에서 조절해야 한다.

실험보고서

학과 　　　 학번 　　　 이름 　　　 일자 　　　 실험조 　　　

문제

27.1 두피 케어스프레이의 제조 원리는 무엇인가?

27.2 실험에서 발모 및 두피 케어의 목적으로 사용한 원료는 무엇인가?

27.3 실크 아미노산의 역할은 무엇인가?

심화학습

27.4 실험에 사용한 시약들에 대한 이름, 화학식, 구조, 특징과 기능에 대해 조사하시오.

27.5 시중에 판매되는 두피 케어스프레이 제품이 있다면 무엇이 있는지 쓰고, 각각의 성분들을 조사해 보시오.

실험 28 힐 밤 만들기

1 배경지식 쌓기

힐 밤은 거칠고 하얗게 각질이 일어나는 발을 촉촉하게 관리해주는 발 전용 밤 형태의 보습제이다. 시어버터의 특유의 제형 때문에 유분이 많아서 끈적이며 촉감이 좋은 편은 아니지만 유지력이 좋다는 특징이 있다.

2 실험 재료 살펴보기

주요 구성 성분

- 보습 효과: 시어버터 4 g
- 피부 보습력 증진, 재생작용: 아보카도 오일 2 g
- 유분 공급이 좋아 피부 매끈하고 윤기: 비즈 왁스 2 g
- 항산화, 노화 방지: 비타민 E 0.5 g

기기 및 분석장비

- 마이크로튜브 2개, 스포이트, 립밤 용기, 은박컵, 지퍼백, 약봉지 1개, 라벨, 포장지, 막대, Hot plate, 비커, 점도계, pH 미터, Conductivity, ^{1}H NMR, SEM, Optical microscope, UV/VIS spectroscopy

(1) 네틀 추출물

시어버터는 약 노란색 색상의 지방산 추출물로, 아프리카에서 자라는 시어트리의 열매에서 추출된다. 또한 수분감보다는 유분감을 더 주는 보습 효과를 위해 주로 화장품 등에 첨가된다. 정제와 비정제 추출로 얻을 수 있는데, 비정제의 경우 불순물이 많이 있을 수 있으며 특유의 향과 알레르기가 일어나는 경우가 있다.

(2) 아보카도 오일

실험 23 아토크림 만들기-실험 재료 살펴보기 (1) 참조

실험 28

힐 밤 만들기

QR 코드

실험 목표

- 시어버터를 이용하여 힐 밤을 제조해 본다.
- 힐 밤의 제조 구성 성분을 이해한다.
- 힐 밤의 원리를 이해한다.

실험 방법

① 은박컵에 시어버터 4.0 g, 아보카도 오일 2.0 g을 넣어 섞어준다.

② 비즈왁스 2.0 g을 은박컵에 넣고 가열해준다.

③ 비타민 E 0.5 g을 넣고 섞어준다.

④ 깨끗한 힐 밤 용기에 담아준다.

실험 TIP 등

➔ 컵과 용기는 알코올 솜을 이용하여 소독한 후 사용해야 한다.

➔ 약품의 양은 오차 범위 내에서 조절해야 한다.

실험보고서

학과 | 학번 | 이름 | 일자 | 실험조

문제

28.1 힐 밤의 제조 원리는 무엇인가?

28.2 실험에서 피부 보습력 증진 및 피부 재생의 목적으로 사용한 원료는 무엇인가?

28.3 비타민 E의 역할은 무엇인가?

심화학습

28.4 실험에 사용한 시약들에 대한 이름, 화학식, 구조, 특징과 기능에 대해 조사하시오.

28.5 시중에 판매되는 힐 밤 제품이 있다면 무엇이 있는지 쓰고, 각각의 성분들을 조사해 보시오.

실험 29 네일케어 밤 만들기

1 배경지식 쌓기

(1) 네일케어 밤

네일케어 밤은 쉽게 부러지거나 갈라지는 손발톱을 촉촉하고 윤기있게 관리해주는 손발톱 전용 밤 형태의 보습제를 말한다. 네일케어 밤에 사용되는 시어버터는 특유의 제형 때문에 유분이 많아 끈적이며, 촉감이 좋은 편은 아니지만 보습 유지력이 좋다는 특징이 있다.

(2) 네일케어 밤의 효과

호호바, 아보카도, 로즈힙 오일이 피부에 영양을 공급해 피부를 부드럽게 해준다. 레몬, 제라늄, 로즈우드 에센셜 오일 브랜딩으로 각질 연화 작용 및 세포재생에 도움을 준다. 쉽게 부러지거나 갈라지는 손발톱을 건강하게 관리할 수도 있다.

(3) 네일케어 밤의 작용 원리

기름 분자가 네일 표면에 있는 물 분자를 덮어 수분의 증발을 방지하는 보호막 작용 원리로 보습력을 유지할 수 있다.

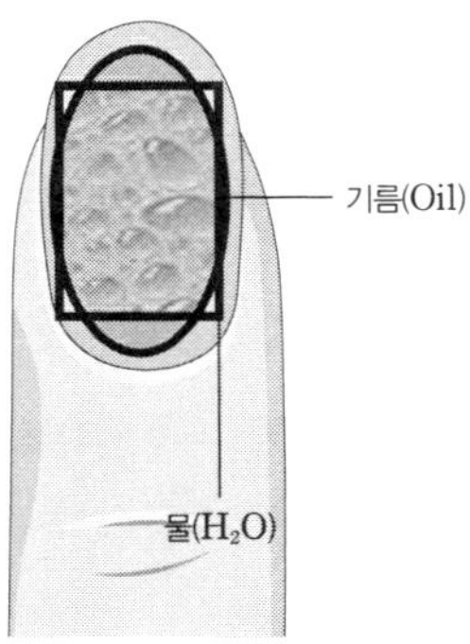

그림 29.1 네일케어 밤의 작용 원리

(4) 네일케어 밤의 제조 원리

온도를 가하면 분자들의 결합이 깨져서 작아지고, 냉각하면 분자들의 결합이 만들어져서 분자들이 커지는 물질의 상변화에 의해 제조할 수 있다.

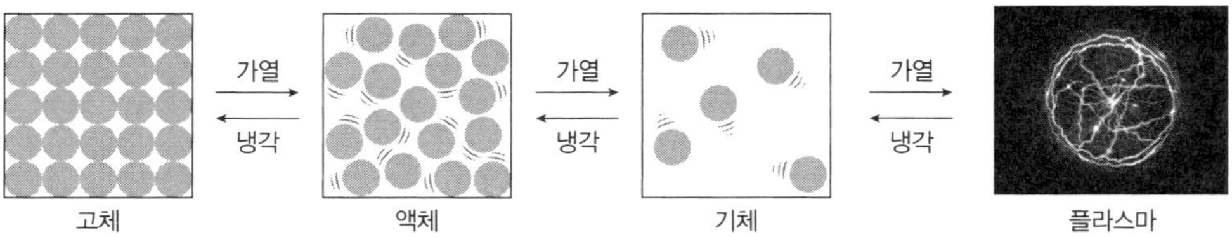

그림 29.2 네일케어 밤의 제조 원리(물질의 상변화)

2 실험 재료 살펴보기

시약

- 보습 효과: 시어버터 1.5 g
- 영양 공급 및 피부 보호: 호호바 오일 4 g
- 영양 공급 및 피부 보호 : 로즈힙 오일 2.5 g
- 피부보습력 증진, 재생작용 및 각질 완화: 아보카도 오일 4 g
- 고형화제: 비즈왁스 2.5 g
- 각질 연화 작용 및 세포재생: 레몬 EO, 제라늄 EO, 로즈우드 EO
- 항산화 및 노화 방지: 비타민 E 0.5 g

주요 구성 성분: 시어버터, 호호바 오일, 로즈힙 오일, 아보카도 오일, 비즈왁스

기기 및 분석장비

- 마이크로튜브 2개, 스포이트, 크림 용기, 은박 컵, 지퍼백, 약봉지 1개, 라벨, 포장지, 막대, Hot plate, 비커, 점도계, pH 미터, Conductivity, 1H NMR, SEM, Optical microscope, UV/VIS spectroscopy

(1) 시어버터

시어버터는 약 노란색 색상의 지방산 추출물로, 아프리카에서 자라는 시어트리의 열매에서 추출된다. 또한 수분감보다는 유분감을 더 주는 보습효과를 위해 주로 화장품 등에 첨가된다. 정제와 비정제 추출로 얻을 수 있는데, 비정제의 경우 불순물이 많이 있을 수 있으며 특유의 향과 알레르기가 일어나는 경우가 있다.

(2) 호호바 오일

호호바는 미국 캘리포니아, 멕시코 남부 지방에서 자생하는 열매로, 호호바 오일은 이 열매의 씨를 압착하여 추출한 것이다. 액상 왁스 형태로, 사람의 피지 성분과 유사한 분자 구조를 가져 흡수가 잘 되고 보습력이 뛰어난 장점이 있다. 독성과 냄새가 거의 없어 향에 민감한 사람들도 거부감없이 사용 가능하며 산화가 느리고 고온에 강하기 때문에 다른 오일보다 오래 사용할 수 있다. 상처 치료 및 피부 보호를 위해 사용하고 국제분자과학 학회지에 호호바 오일이 지루성 피부염, 여드름, 습진, 피부노화 등 다양한 피부 고민에 효과가 있다고 알려져 있다. 또한 희석하지 않고 피부 및 머리카락에 사용할 수 있고 여드름과 같은 피부트러블에도 좋은 효능으로 피부트러블을 억제하고 모공 확장을 막아주며, 피부의 노폐물을 배출하여 여드름에 의한 흉터 및 염증 등을 치료하는 데에도 효과적인 원료로 알려져 있다.

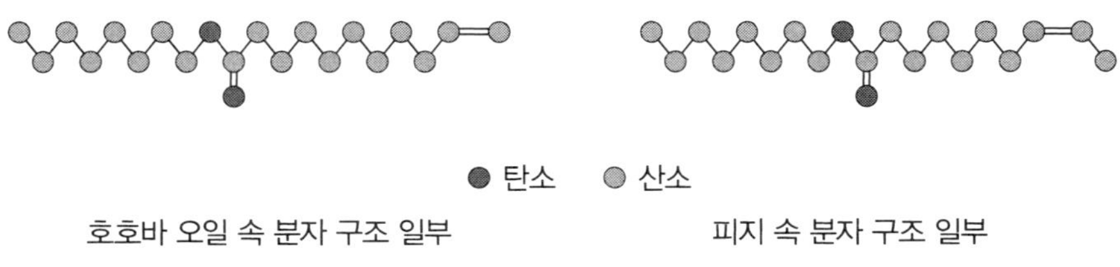

그림 29.3 호호바 오일 분자 구조

(3) 로즈힙 오일

로즈힙 오일은 필수 지방산의 공급원인 리놀렌산, 각종 미네랄 및 다량의 비타민 등 풍부한 영양소를 가지고 있다. 또한 피부노화 방지, 피부보습, 피부재생, 피부보호 등의 기능이 있다.

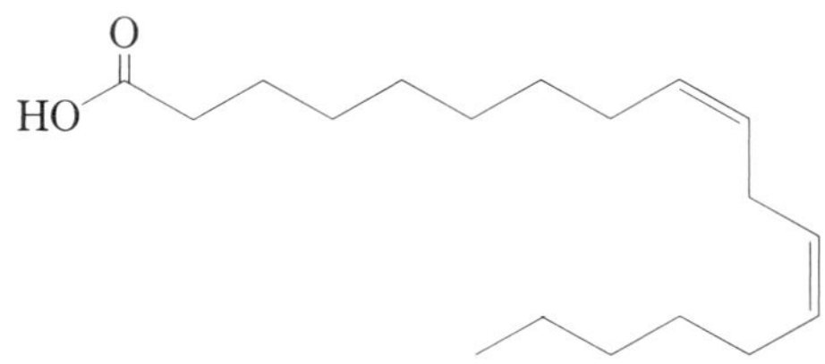

그림 29.4 리놀렌산(linoleic acid) 분자 구조

(4) 아보카도 오일

아보카도 오일은 주성분이 불포화 지방산인 올레인산과 항산화 물질, 생체 활성 화합물, 토코페롤이 풍부하다고 알려져 있다. 또한 비타민과 포타슘이 풍부하여 각질 완화 및 피부 미용에 탁월하여 화장품 원료로 많이 사용된다.

(5) 비즈왁스(밀랍)

밀랍은 벌집의 주성분을 이루는데, 꿀을 채취한 뒤 남은 벌집 찌꺼기에 열을 가해 눌러 짜내거나 다른 약품으로 녹여 얻는다. 밀랍은 비즈왁스라고도 하며, 표백한 것은 화이트 왁스, 표백하지 않은 것은 엘로우 왁스라고 한다. 비즈왁스는 피부에 코팅막을 형성해 피부가 수분을 빼앗겨 건조하지 않도록 예방하는 데 도움을 준다. 화학 방부제를 사용하지 않는 화장품의 천연식물 제품 안정화 용도로도 사용된다. 밀랍은 화장품 외에도 과자를 만들거나 의약품이 기초제, 전기 절연체, 광택제, 방수제, 양초 등의 원료로도 사용한다.

(6) 비타민 E

비타민 E는 대표적인 항산화 물질로 지용성 비타민의 한 종류이다. 생체막에서 지방질 산화 방지, 적혈구 보고, 세포 호흡, 헴 합성 및 혈소판 응집에 관여한다. 비타민 E는 토코페롤과 토코트리에놀을 모두 포함하는 화합물을 의미한다. 또한 식물성 기름, 밀이나 쌀의 씨눈, 우유, 달걀의 노른자, 채소의 푸른 잎에 들어있다.

실험 29

네일케어 밤 만들기

QR 코드

실험 목표

- 시어버터를 이용하여 네일케어 밤을 만들어본다.
- 네일케어 밤의 제조 구성 성분을 이해한다.
- 네일케어 밤의 원리를 이해한다.

실험 방법

① 은박 컵에 유상층 시어버터 1.5.0 g, 아보카도 오일 4.0 g, 호호바 오일 4.0 g, 로즈힙 오일 2.5 g 을 넣어 섞어준다.

② 비즈왁스 2.5 g 을 은박 컵에 넣고 녹을 때까지 가열해준다.

③ 녹으면 유상층을 넣고 가열해준다.

④ 비타민 E 0.5 g을 넣고 섞어준다.

⑤ 온도가 55~60℃ 정도 되면, EO 을 첨가한 후 잘 섞어준다.

⑥ 깨끗한 크림 용기에 담아준다.

실험 TIP 등

- 컵과 용기는 알코올 솜을 이용하여 소독한 후 사용한다.
- 완성된 네일케어 밤을 손발톱에 발라 본다.
- 약품의 양은 오차 범위 내에서 조절한다.

실험보고서

학과   학번   이름   일자   실험조

문제

29.1 네일케어 밤의 제조 원리는 무엇인가?

29.2 네일커어밤의 작용 원리는 무엇인가?

29.3 실험에서 유분감을 더해 주는 보습 효과를 목적으로 사용한 원료는 무엇인가?

29.4 비타민 E의 역할은 무엇인가?

29.5 불포화 지방산인 올레인산과 항산화 물질, 생체 활성 화합물, 토코페롤일 풍부하고, 비타민과 포타슘이 풍부하여 각질 완화나 피부 미용에 탁월한 물질은 무엇인가?

심화학습

29.6 실험에 사용한 시약들에 대한 이름, 화학식, 구조, 특징과 기능에 대해 조사하시오.

29.7 시중에 판매되는 네일케어 밤 제품이 있다면 무엇이 있는지 쓰고, 각각의 성분들을 조사해 보시오.

실험 30 젤 손소독제 만들기

1 배경지식 쌓기

(1) 살균

살균 작용에는 물리적 작용과 화학적 작용 두 가지가 있다. 물리적 작용의 살균 작용은 자외선, 방사선, 열 등으로 곰팡이나 세균을 죽이는 것을 말하고 화학적 작용의 살균 작용은 소독제나 항균 물질 등으로 곰팡이나 세균을 죽이는 것이다.

(2) 젤 손소독제 원리

젤 손소독제는 병원 세균의 살균을 목적으로 하는 것으로 기구 또는 신체를 소독하고 세척 효과까지 더한 화학적 소독약으로 많이 사용되고 있다. 에탄올이 세균의 세포막을 뚫고 들어가 세균의 단백질을 응고시켜 파괴하는 방식을 활용하여 살균 작용을 한다. 즉 에탄올은 병원균에 대해 살균 작용을 한다. 살균 소독의 원리는 에탄올이 삼투 작용을 통해 세포막을 뚫고 들어가 세균의 내부로 침투하여 단백질을 변형시키고 세포막의 지질을 용해시켜 세균을 죽이는 것이다. 여러 미생물을 이용한 실험 결과 에탄올 함량이 70% 이하나 70% 이상에서도 살균 작용이 있음을 확인했으나, 70%가 가장 살균력이 강한 것으로 나타났다. 그러나 에탄올이 100%일 경우, 단백질 응고능력이 너무 강해 세균 표면의 단백질을 한 번에 응고시켜 단단한 막을 형성해 에탄올이 세균 내부의 단백질까지 침투하지 못한다.

2 실험 재료 살펴보기

주요 구성 성분

- 소독 효과: 에탄올 35g
- 젤 형성화제, 수분 및 영영 공급: 알로에 베라겔 15g
- 보습효과: 글리세린 2g
- 항염증 및 피부재생: 라벤더 EO 1방울
- 재발되는 바이러스와 곰팡이균 제거: 티트리 EO 1방울
- 미백효과 : 레몬 EO 1방울
- 스트레스 감소: 로즈마리 EO 1방울

기기 및 분석장비

- 용기, 컵, 스포이트, 나무막대

(1) 에탄올

에탄올이 가지고 있는 강한 휘발성 때문에 화장품에 알코올을 넣으면 시원한 사용감을 가지게 된다. 에탄올에는 소독 효과가 있어서 약간의 소독 효과를 기대할 수 있다. 에탄올이 든 화장품을 사용하면, 피부 각질층에 에탄올이 침투하여 피지를 녹여 번들거림을 개선해주는 효과가 있다. 그래서 지성 피부용 화장품에 종종 들어가는 성분이다. 그러나 피부 자극물질에 속하기 때문에 민감한 피부를 가지고 있는 사람들은 피해야 한다.

(2) 알로에 베라겔

알로에 베라겔은 점도가 있는 원료로 점증제를 따로 첨가하지 않아도 점도를 올리는데 응용할 수 있으며 다양한 화장품에 적용할 수 있다. 잎의 수질에서 나오는 물질은 화학적 구성과 성질이 다른 겔(Gel)과 라텍스(Latex)라는 2가지 성분이 있다. 알로에 베라겔은 알로에 잎 내부의 조직에서 나오는 투명하면서 젤리 같은 점액질, 겔은 글루코만난(Glucomannans)이나 펙틴산(Pectic acid)과 같은 다당체와 기타 여러 유기화합물 및 무기화합물 등이 있어 피부에 영양을 공급한다. 알로에 베라겔은 햇빛에 오랜

시간 노출되어 타서 벗겨진 피부를 진정시키는 쿨링 작용을 하고 피부를 부드럽게 하며 촉촉하게 수분을 공급한다.

(3) 글리세린

글리세린은 윤활, 보습 등의 목적으로 사용한다. 천연보습제로 화장품이나 비누를 만들 때 첨가하면 보습 효과가 나타난다. 무색투명의 냄새가 없고 단맛이 나는 액체이며 공기 중의 수분을 흡수하는 능력이 우수하여 보습제로 많이 사용된다. 주부습진이나 손 발바닥 갈라진 곳에 직접 사용하기도 하며 여드름 등의 피부질환에도 좋다고 알려져 있다.

(4) 라벤더 EO

아세트산리날릴, 아세트산라반둘릴(Lavandulyl acetate) 등의 에스테르계와 리나놀, 게라니올 등의 알코올계로 독성과 자극이 없는 안전한 오일이며, 아로마테라피에 가장 많이 사용되는 오일 중 하나이다. 라벤더 오일은 세포재생 효과가 있으며 안전한 오일이지만, 저혈압인 사람이 사용할 경우 혈압을 낮추는 혈압강하작용(hypotensive)에 유의해야 한다. 식물의 꽃과 잎에서 수증기 증류법(수증기로 식물의 방향 유효성분을 추출하고 냉각수로 식혀 응축하는 방법)으로 추출한 에센셜 오일이다.

(5) 티트리 EO

티트리는 불쾌한 냄새를 제거해주는 탈취 효능이 있어 공기를 상쾌하게 정화하는 역할을 하는 허브의 한 종류로서, 불쾌한 냄새를 제거해주어 탈취제, 공기정화제 및 비누 등에 넣어 사용한다. 티트리의 잎과 잔가지를 수증기 증류법으로 추출한 에센셜 오일이다. 박테리아, 바이러스, 진균류에 효과적으로 작용하고 면역력을 증가시켜 주는 오일이다. 무향 크림에 1~2방울을 넣어 잘 섞은 후 바르면 상처치유, 여드름, 각종 피부질환의 염증 및 가려움증 완화에 효과적으로 알려져 있다. 그러나 민감성 피부에는 피부 자극을 일으킬 수 있으므로 사용에 주의가 필요하다.

(6) 레몬 EO

레몬 에센셜 오일은 피부의 각질을 제거하며 혈색을 밝게 해준다. 파손된 모세혈관을 정상화하며 지성 피부와 모발을 효과적으로 세정한다. 살균성으로 티눈과 사마귀 제거에도 널리 사용되며 반흔조직을 연화시키며 상하기 쉬운 손톱 방지, 데오드란트 모발 관리에도 효과적이다. 특히 비타민 A, B, C가 풍부하고 그중 비타민 C가 매우 풍부하여 미백효과에 탁월하다. 지성 피부, 여드름, 과다한 피지 생산을 막아주고 노화 피부의 색조를 바꿔주고 기미 뾰루지에 효과가 있다고 알려져 있다.

(7) 로즈마리 EO

로즈마리 에센셜 오일은 항균과 항산화 효과가 뛰어나 몸속의 균이나 노화의 원인인 활성산소를 제거해주는 효과를 가지고 있다. 강한 수렴작용으로 정체된 순환을 도와 피부를 맑게 하고, 피부를 진정시키고 스트레스 완화 효과가 있다. 피부 처짐과 잡티를 개선하는 효과가 있어 지성 피부에 좋다고 알려져 있다.

실험 30

젤 손소독제 만들기

QR 코드

실험 목표

- 알로에 베라겔을 이용하여 젤 손소독제를 만들어 본다.
- 젤 손소독제의 제조 구성성분을 이해한다.
- 젤 손소독제의 원리를 알아본다.

실험 방법

① 컵에 베이스인 알로에 베라겔 15 g, 에탄올 35 g을 넣는다.
② 위에서 만든 용액에 글리세린 2 g을 넣는다.
③ 용액이 균일하게 섞이도록 나무막대로 잘 저어준다.
④ 첨가물 에센셜 오일을 넣고 잘 저어준다.
⑤ 완성된 젤 손소독제를 용기 담고 잘 섞일 수 있도록 많이 흔들어 주고 손에 뿌려 가볍게 문지른다.

실험 TIP 등

- 컵과 용기는 알코올 솜을 이용하여 소독한 후 사용해야 한다.
- 약품의 양은 오차 범위 내에서 조절해야 한다.

실험보고서

학과 학번 이름 일자 실험조

문제

30.1 완성한 젤 손소독제의 원리는 무엇인가?

30.2 실험에서 소독 효과를 목적으로 사용한 원료는 무엇인가?

30.3 에탄올 몇 %에서 가장 소독 효과가 좋은가?

30.4 햇빛에 오랜 시간 노출되어 타서 벗겨진 피부를 진정시키는 쿨링 작용을 하고 피부를 부드럽게 하며 촉촉하게 수분을 공급하는 것은 무엇인가?

30.5 젤 손소독제에서 글리세린의 역할은 무엇인가?

30.6 피부의 각질을 제거하며 혈색을 밝게 해주어 미백효과가 있는 물질은 무엇인가?

심화학습

30.6 실험에 사용한 시약들에 대한 이름, 화학식, 구조, 특징과 기능에 대해 조사하시오.

30.7 시중에 판매되는 젤 손소독제 제품이 있다면 무엇이 있는지 쓰고, 각각의 성분들을 조사해 보시오.

실험 31 백년초 비누 만들기

1 배경지식 쌓기

(1) 비누화 반응

비누화 반응은 "유지"라고 불리는 기름인 긴 사슬 모양의 지방인 "에스터 화합물"과 -OH를 포함한 염기성 용액이 반응하면 유지의 에스테르 결합이 끊어지면서 지방산 염인 비누와 글리세롤을 형성하면서 비누화 반응이 일어나게 된다. 즉 지방과 흔히 양잿물이라고 하는 센염기(NaOH)를 반응시키면 비누와 글리세롤이 생성된다. 비누화 반응을 통해 만들어진 비누는 막대사탕 모양으로 나타난다. 비누화 반응에서 계속해서 저어주는 이유는 이 반응에서 생성된 지방산 염을 용액 상태로 유지하게 하여 교반을 수월하게 하고 반응을 종결시키기 위해서이다. 즉 비누를 만들 때 스터링바를 이용해서 계속 교반시키는 이유이다.

(2) 비누의 원리

비누 분자는 물과 잘 섞이는 친수성 부분과 물 분자와 잘 섞이지 않는 친유성 부분으로 나뉜다. 비누 분자를 물에 계속 첨가하면 물 표면에 비누 분자가 포화된 이후 물 내부로 들어가 구 형태의 "마이셀 구조"를 형성한다.

2 실험 재료 살펴보기

주요 구성 성분

- 백년초 가루
- 글리세린

- 레몬그라스 EO
- 비누베이스

◎ 기기 및 분석장비

- 은박 컵, 가열장치, 막대, 틀

(1) 백년초

백년초는 페놀성 물질과 플라보노이드 성분을 많이 함유하고 있다. 비타민 C 등 영양분이 풍부하고, 기미와 주근깨를 제거하여 피부보습 효과, 촉촉한 피부 유지, 피부 트러블 진정 등의 백년초 효능을 나타나게 한다.

그림 31.1 백년초

(2) 비누베이스

비누베이스의 원재료인 코코넛이나 팜유에서 지방산을 분리하여 분리된 지방산을 다시 센염기인 NaOH(가성소다)와 물(H2O) 등의 첨가물을 넣고 만든 원료를 말한다.

(3) 글리세린

글리세린(Glycerine)은 글리세롤(Glycerol)이라 부르는 무색, 무취의 액체이다. 점성이 매우 강한 특징이 있다. 글리세린은 3개의 수산기(OH)를 가진 3가 알코올로써 무색의 끈기 있는 액체로 흡습성이 있으며 녹는 점 20℃, 끓는 점 290℃이다. 또한, 담배나 화장품의 방건제, 방동제, 인쇄용 잉크 등에 많은 용도를 가진 중요한 물질이다. 그러므로 오늘날에는 천연품과 합성품이 거의 같은 분량을 차지하고 있다.

(4) 레몬그라스 EO

레몬그라스의 기본적 특성은 옅은 노란색에서 미세한 갈색의 액체로 풀과 시트러스(감귤) 향이 나고, 파처럼 생긴 풀이며 풀을 뜯어서 마찰을 시키면 레몬 향이 난다. 레몬그라스는 진통, 항우울, 항미생물, 방부, 수렴, 탈취, 항진균, 살충, 공기정화, 소화불량, 위장염 완화, 정신집중, 염좌, 타박상에 효과적인 것으로 알려져 있다.

실험 31

백년초 비누 만들기

QR 코드

실험 목표

- 내 손으로 직접 백년초 분말을 이용하여 친환경 비누를 만들어 본다.
- 비누의 원리에 대해서 알아본다.
- 비누의 기능과 특징에 대해서 알아본다.

실험 방법

① 비누 베이스 30 g을 잘게 잘라 은박 컵에 넣는다.
② 자른 비누 베이스를 가열장치로 녹인다.
③ 녹은 비누 베이스에 백년초 분말 1 g, 글리세린 4 mL, 레몬그라스 0.5 mL를 넣는다.
④ 균일하게 섞이도록 잘 섞는다.
⑤ 비누몰드에 용액을 부어 서늘한 곳에서 식힌다.
⑥ 비누가 완전히 굳으면 비누몰드에서 꺼내 사용해 본다.

실험 TIP 등

➔ 컵과 용기는 알코올 솜을 이용하여 소독한 후 사용해야 한다.
➔ 약품의 양은 오차 범위 내에서 조절해야 한다.

실험보고서

학과 학번 이름 일자 실험조

문제

31.1 비누화 반응이란 무엇인가?

31.2 비누의 세정 원리는 무엇인가?

31.3 지방산 에스터에 센염기를 반응시키면 생성물이 무엇이 나는가? 그 중 비누가 되는 생성물은 무엇인가?

31.4 백년초에는 어떤 성분들이 있으며 피부에 대한 효능은 무엇이 있는가?

심화학습

31.5 실험에 사용한 시약들에 대한 이름, 화학식, 구조, 특징과 기능에 대해 조사하시오.

31.6 시중에 판매되는 비누 제품이 있다면 무엇이 있는지 쓰고, 각각의 성분들을 조사해 보시오.

실험 32 주방세제 만들기

1 배경지식 쌓기

(1) 계면활성제의 구조

계면활성제는 계면활성제의 머리 부분은 물을 너무나 좋아한다고 해서 친수성, 길쭉한 막대 모양으로 표시된 꼬리는 기름을 너무나 좋아한다고 해서 친유성(소수성)이라고 한다.

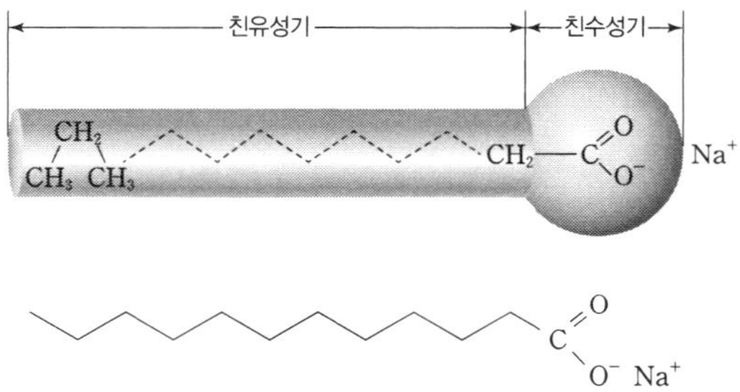

그림 32.1 계면활성제

(2) 계면활성제의 원리

주방세제는 기름때(기름 등 소수성 물질)를 벗겨내기 위해 사용하는 물질이다. 계면활성제가 물 분자와 오염물질(기름때) 사이의 경계면에 흡착하여 물에 녹으면 물을 좋아하는 친수성 머리는 물 분자에, 기름을 좋아하는 꼬리는 오염물질(기름때)에 달라붙게 된다.

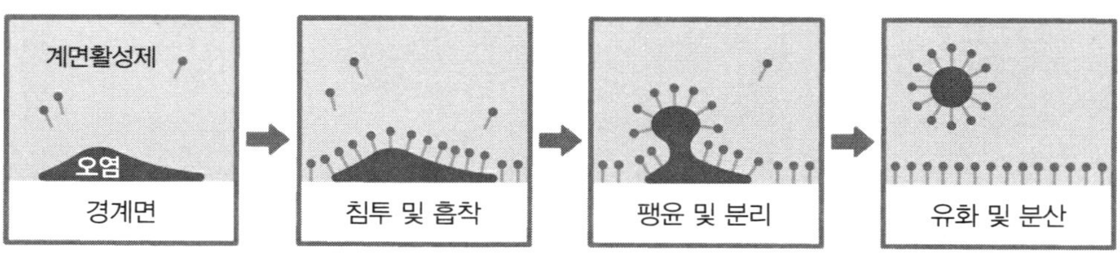

그림 32.2 계면활성제의 원리

기름을 좋아하는 친유기 꼬리가 기름때(오염물질)를 완전히 감싸면 "마이셀 구조"를 형성하여 오염물질과 오염된 표면이 분리된다. 이렇게 되면 물속에 뜨고 더는 표면에 달라붙지 못하게 된다. 이때 계면활성제가 그릇 등의 음식물과 기름기에 붙은 후 서서히 기름기를 둘러싸 "마이셀 구조"를 형성하여 그릇에서 떼어내는 역할을 한다.

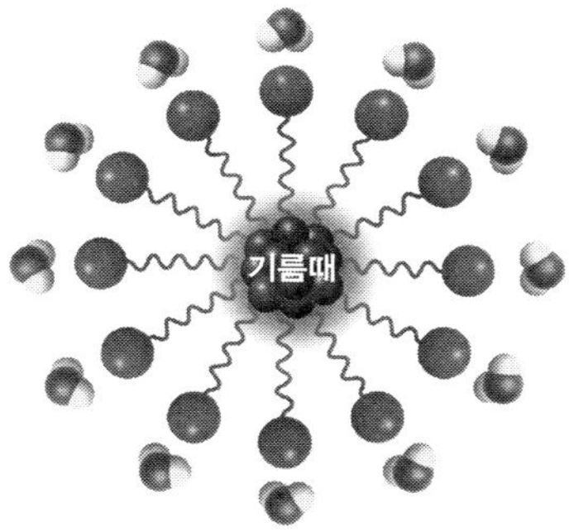

그림 32.3 계면활성제의 마이셀 구조

2 실험 재료 살펴보기

주요 구성 성분

- 물비누베이스
- EM 용액
- 자몽씨 추출물
- 레몬에센셜 오일

기기 및 분석장비

- 은박지, 막대, 용기

(1) 물비누베이스(Liquid soap)

물비누베이스의 원재료인 코코넛이나 팜유에서 지방산을 분리하여 분리된 지방산을 다시 센염기인 NaOH(가성소다)와 물(H2O) 등의 첨가물을 넣고 만든 원료를 말한다. 비누베이스와 달리 pH가 6.5 정도로 약산성이며, 점성을 지닌 투명한 액체이다.

(2) EM 용액

EM(Effective Microorganism)이란 유용한 미생물들이라는 뜻으로 인류가 오래전부터 식품의 발효 등에 이용해 왔던 효모균, 유산균, 누룩균, 광합성균, 방선균 등 80여 종 미생물로 구성되어 있다. 이런 미생물들은 항산화 물질을 생성하여 서로 공생하며 부패를 억제하여 자연 스스로 소생의 방향으로 이끌어 악취 제거, 수질 정화, 산화 방지, 음식물 발효 등에 효과가 있는 것으로 알려져 있다. 따라서 세제 대신 사용하면 하수구로 흘려보내도 환경을 오염시키지 않고, 거품이 쉽게 제거되어 물 소비량이 줄고 수질에 대한 오염이 거의 없으며 자연 분해 속도가 뛰어나 환경을 깨끗하게 하는 데도 도움이 된다.

(3) 자몽씨 추출물

자몽씨로부터 추출한 천연방부제로서 천연의 살균, 소독, 방부제로서 의학적으로 박테리아나 세균 감염에 내복약으로 쓰이고 상처나 중이염, 인후염 등 외용약으로도 사용된다. 항균 효과를 지닌 나린진이 함유된 제품으로 화장품이나 비누에 첨가하면 제품의 보존기간이 증가한다. 소량(전체의 0.5%)만 첨가해도 제품의 원래 보존기간을 약 두 배정도 증가시킨다고 알려져 있다.

(4) 레몬 EO

레몬 에센셜 오일은 섬세한 성질과 강력한 효능을 보존하기 위해서 레몬 껍질을 저온 압축해서 만들어진다. 레몬은 강력한 향과 피부 사용 및 체내복용 정화제로서 알려져 있고, 다른 많은 오일을 보완하기 위해 사용한다. 집안에서 레몬을 분사하면 공기를 정화할 수 있고 무드를 상승시켜 준다. 또한 비독성 정화 촉진제로 집안 곳곳을 청소하는 데 사용할 수 있고, 특히 비타민 C가 많이 함유되어 있어 미백에 효과가 높은 것으로 알려져 있다.

실험 32

주방세제 만들기

QR 코드

실험 목표

- 내 손으로 직접 친환경 주방세제를 만들어 본다.
- 계면활성제의 원리를 통해 기름때를 벗겨내는 원리를 알아본다.
- 마이셀 구조에 대해서 알아본다.

실험 방법

① 물비누베이스가 담긴 용기에 EM 활성액을 넣는다.

② 서로 잘 혼합될 수 있도록 잘 섞는다.

③ 섞은 후 자몽씨 추출물과 레몬 EO 를 넣는다.

④ 다시 균일하게 섞이도록 잘 섞는다.

⑤ 용기에 주방세제를 넣고 사용해 본다.

실험 TIP 등

➔ 컵과 용기는 알코올 솜을 이용하여 소독한 후 사용해야 한다.

➔ 약품의 양은 오차 범위 내에서 조절해야 한다.

실험보고서

학과 　　　 학번 　　　 이름 　　　 일자 　　　 실험조

문제

32.1 주방세제의 세정원리는 무엇인가?

32.2 EM이 친환경적인 이유는 무엇인가?

32.3 주방세제 실험에서 천연방부제로 사용한 것은 무엇인가?

심화학습

32.4 실험에 사용한 시약들에 대한 이름, 화학식, 구조, 특징과 기능에 대해 조사하시오.

32.5 시중에 판매되는 주방세제 제품이 있다면 무엇이 있는지 쓰고, 각각의 성분들을 조사해 보시오.

실험 33 보톡스 크림 만들기

1 배경지식 쌓기

(1) 보톡스 크림

보톡스 크림은 피부 처짐, 주름, 꺼진 부위 등 느슨한 얼굴을 끌어올려 리프팅 효과가 있으며, 노화된 피부세포 재생 및 노폐물을 제거하여 피부가 건강해지는 효과가 있는 크림이다.

(2) 보톡스 크림의 작용 원리

보톡스 크림의 작용 원리는 친수성 물질이 피부에 흡수되어 새롭게 건강한 피부 장벽을 생성하는 피부 보습막 원리이다. 즉, 친수성 물질이 물을 수소결합으로 끌어당겨 피부에 수분을 공급하여 피부 장벽을 형성한다.

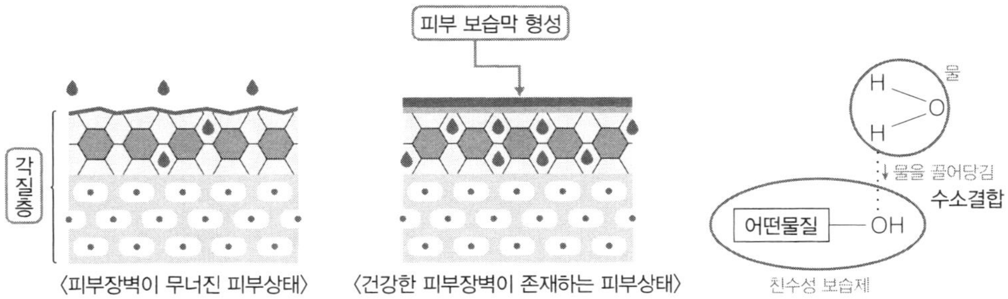

그림 33.1 피부보습막의 형성 원리

(3) 보톡스 크림의 주름 개선 효과

보톡스 크림은 피부재생 물질이 흡수되어 피부 속 빈 공간을 채워 피부 주름을 개선하는 효과를 나타낸다. 즉, 피부 흡수력이 좋은 아르간 오일은 강력한 노화 방지 효과 외에 피부재생 및 보습 효과가 뛰어나다. 기능성 원료인 아카시아 콜라겐, 보톡스 펩타이드, 클라리 세이지 EO이 피부재생 및 노화 방지에 도움을 준다. 따라서 보톡스 크림의 사용으로 촉촉한 사용감을 가지며, 피부 자극을 유발하는 유해물질이 없는 건강한 피부가 생성되도록 관리할 수 있다.

(4) 보톡스 크림의 제조 원리

에멀젼은 우유처럼 액체가 다른 액체에 콜로이드 상태로 퍼져 있는 용액이다. 주로 서로 섞이지 않는 두 액체 사이에 일어난다. 콜로이드와 유화액이 비슷한 의미로 쓰이지만, 유화액의 경우 주로 두 개의 상이 존재하는 경우 주로 사용된다.

유화액이란 말은 "우유와 같이 된다"라는 뜻으로, 영어 표현인 emulsion 또한 'to milk'라는 뜻의 라틴어 단어로부터 유래한다. 우유의 경우 물과 지방, 그리고 여러 구성요소로 이루어진 유화액이다. 두 개의 액체는 용매와 용질에 따라서 여러 유화액의 종류를 형성하는데, 기름과 물을 예로 들자면 일단 '물 안에 기름이 들어간 경우'와 반대로 '기름 안에 물이 들어간 경우'가 가능하다. 중첩된 유화액 상태도 가능한데, '물 안의 기름 속의 물(water-in-oil-in-water)' 유화액과 '기름 안의 물 속의 기름(oil-in-water-in-oil)' 유화액 또한 존재한다.

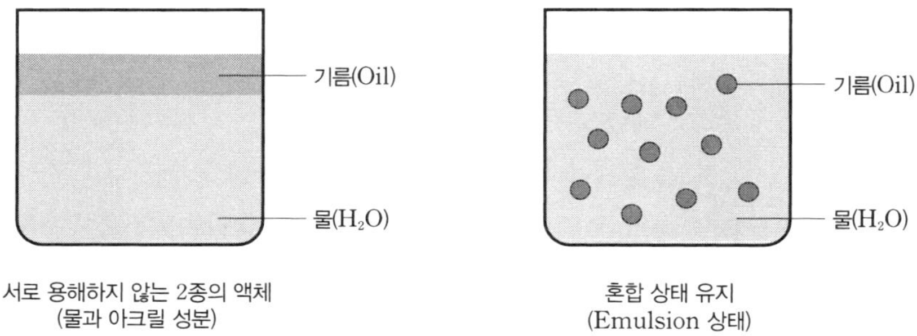

그림 33.2 에멀젼

보통 마이크로유화액은 기름 입자가 계면활성제나 보조계면활성제(co-surfactant), 보조용매(co-solvents)에 의해 가용성이 되면서 나타난다.

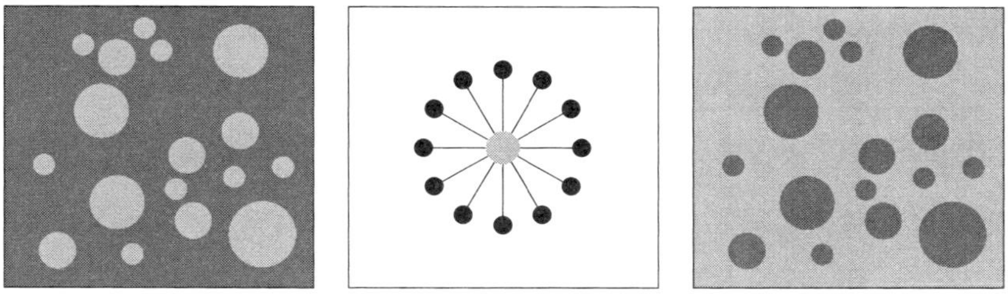

그림 33.3 물과 기름의 가용화

2 실험 재료 살펴보기

시약

- 용제: 정제수 16 g
- 피부 진정, 피부노화 방지: 아르간 오일 4.5 g
- 유화제, 보습, 노화 방지: 올리브 유화왁스 2.0 g
- 보습, 피부재생: 아카시아 콜라겐 0.5 g
- 피부 흡수: 히알루론산 2.0 g
- 미백, 방부: 천연한방보존제 0.5 g
- 세포재생, 미백: 클라리 세이지 EO 1방울
- 피부 탄력, 노화 방지: 보톡스 펩타이드 1.0 g

주요 구성 성분

- 아르간 오일, 올리브 유화왁스, 보톡스 펩타이드

기기 및 분석장비

- 호모게나이저, Hot plate, 물약병 12ml 2개, 마이크로튜브 2개, 크림용기 25ml 용기, 은박 컵 2개, 약봉지, 라벨, 포장지, 막대, 스포이트, 비커, 점도계, pH 미터, Conductivity, 1H NMR, SEM, Optical microscope, UV/VIS spectroscopy

(1) 아르간 오일

아르간 오일은 높은 폴리페놀 성분 함유로 강력한 항산화제로 알려져 있으며, 불포화 지방산이 풍부하여 피부의 자연 치유력을 강화해준다. 또한 비타민 E뿐만 아니라 오메가 6, 오메가 9 성분을 함유하여 노화 방지 효과가 높다. 아르간 오일은 피부 재생력이 높아 튼 살 관리에도 도움을 주며, 보습 효과와 항암효과가 있어 근육통과 부어오름 등에 적용할 수 있다. 주요 안티에이징, 건조한 두피, 경직된 근육, 일반적인 통증에 많이 사용되고 있다.

(2) 올리브 유화왁스

올리브 유화왁스는 HLB 값이 9로 유화 안정도가 좋고, 피부에 자극적이지 않아 가장 많이 사용되는 유화제 중 하나이다. 올리브 오일에서 추출하여 PEG가 함유되어 있지 않은 O/W 유화제이다. 액정 구조를 형성하여 매우 안정적인 에멀젼 형태를 유지한다. 또한 부드러운 질감, 우수한 퍼짐성, 피부의 단백질과 지방질을 용해하지 않고 흡수하며 피부의 삼투 수분 손실을 방지한다. 아토피, 민감성 피부를 위한 로션 및 크림에 사용된다. 로션, 크림 제조 시 대략 3~5% 비율로 사용한다.

(3) 아카시아 콜라겐

아카시아 콜라겐은 식물성 콜라겐 성분으로써 생체 보호, 지지 등의 물리적 역할과 피부 결합 조직 활성화, 피부노화 방지, 피부 재생 작용, 피부 탄력 유지 기능을 한다. 또한 생체 조직과의 친화성이 우수하고 사용감이 좋으며 보습 기능이 우수하다고 알려져 있다.

(4) 히알루론산

히알루론산이란 피부의 천연 보습 인자를 구성하기 위해 탄력 섬유와 결합 섬유 사이에 존재하는 보습 성분을 말한다. 히알루론산은 자기 무게의 80배 정도의 수분을 끌어당기는 능력이 있어 피부가 적절한 양의 수분을 유지하도록 돕는다. 또한 살아있는 세포에 영양분을 전달할 수 있게 윤활유 역할을 한다. 특히 저분자 히알루론산은 피부 속 깊숙이 수분을 흡수시켜 건조함을 예방하고 촉촉한 보습감으로 미세주름을 관리할 수 있다.

(5) 천연 한방 방부제

기존의 합성 방부제가 피부 트러블 등의 문제가 있는 점을 보완하여 천연식물에서 초임계추출법으로 추출한 초임계 추출물로 효능효과는 물론 피부에 자극을 주지 않으면서 제품 내에서의 방부효과를 갖는 천연방부제이다.

(6) 클라리 세이지 EO

클라리 세이지는 피지분비를 조절하는 기능이 우수하여 지성 피부를 위한 스킨케어에 적합한 오일이며, 기름진 모발이나 비듬 등의 개선을 위한 모발용 제품에도 사용된다. 클라리 세이지의 잎 침출액은 살균과 피부 재생작용이 있으며 궤양, 찰과상, 손상된 피부 손질에 효과적이다. 또한 라벤더 워터를 첨가하면 피부노화를 개선하는 효과가 있다.

(7) 보톡스 펩타이드

Acetyl Hexapeptide-8은 보통 보톡스 펩타이드 또는 헥사 펩타이드로 불리며, 기존의 보톡스 성분에 의한 부작용에 대한 화장품 대체물질로 주목받고 있다. 기존의 보톡스 효능과 유사한 기능을 가진 저분자 펩타이드로 주름 근육에 연결된 신경세포의 신호전달과정을 조절함으로써 피부의 탄력, 노화 관리에 도움을 줄 수 있다. 이중막의 구조로 안정적으로 활성 성분을 진피층까지 전달하고, 피부에 침투하여 직접적으로 근육 신경에 피부 탄력을 증가시켜 단기간에 효과를 볼 수 있는 것이 특징이다.

실험 33

보톡스 크림 만들기

QR 코드

실험 목표

- 보톡스 펩타이드와 아르간 오일을 이용하여 보톡스 크림을 제조해 본다.
- 보톡스 크림의 제조 구성성분을 이해한다.
- 보톡스 크림의 원리를 이해한다.

실험 방법

① 소독한 유리 비커에 수상층(증류수)을 계량한다.
② 다른 비커에 유상층(아르간 오일, 올리브 유화왁스)을 계량한다.
③ 핫 플레이트에 수상층과 유상층을 70℃로 가열한다.
④ 수상층을 유상층에 조금씩 넣으면서 주걱으로 3분, 블랜더로 1분가량 저어준다.
⑤ 냉각 후에 첨가물을 차례대로 넣으면서 주걱으로 저어준다.
⑥ 미리 소독한 용기에 담아주면 완성됩니다.

실험 TIP 등

➔ 컵과 용기는 알코올 솜을 이용하여 소독한 후 사용해야 한다.
➔ 약품의 양은 오차 범위 내에서 조절해야 한다.

실험보고서

학과 　　　 학번 　　　 이름 　　　 일자 　　　 실험조 　　　

문제

33.1 보톡스 크림의 제조 원리는 무엇인가?

33.2 보톡스 크림의 작용 원리는 무엇인가?

33.3 보톡스 크림의 효과는 무엇인가?

33.4 실험에서 자기 무게의 80배 정도의 수분을 끌어당기는 능력이 있어 피부가 적절한 양의 수분을 유지하도록 도와주고 피부 속 깊숙이 수분을 흡수하도록 해 주는 것은 무엇인가?

33.5 아르간 오일의 역할은 무엇인가?

33.6 보톡스 효능과 유사한 기능을 가진 저분자 펩타이드로 피부의 탄력과 노화 관리에 도움을 주고, 이중막의 구조로 안정적으로 활성 성분을 침투하여 직접적으로 피부 탄력을 증가시켜 단기간에 효과를 보여주는 물질은 무엇인가?

심화학습

33.7 실험에 사용한 시약들에 대한 이름, 화학식, 구조, 특징과 기능에 대해 조사하시오.

33.8 시중에 판매되는 보톡스 크림 제품이 있다면 무엇이 있는지 쓰고, 각각의 성분들을 조사해 보시오.

실험 34 코코넛 바디 밤 만들기

1 배경지식 쌓기

(1) 바디 밤

바디 밤은 다른 계절에 비해, 피부가 더 건조하고 푸석한 겨울에 손쉽게 만들어서 바를 수 있는 제품이다. 밤은 보통 수분 없이 오일과 왁스로 만드는 것으로 베이스오일, 버터, 왁스로 구성되어 있다. 제조방법은 재료를 한곳에 넣고 녹인 후, 용기에 담아 굳히는 형태라 매우 간단하다. 오일의 특성상 영양 공급과 수분이 증발되는 것을 막아주는 형태이다.

(2) 코코넛 바디 밤의 효과

겨울철 수분이 증발하여 푸석거리는 피부를 막아주고 코코넛 향으로 진하지 않고 오래도록 향이 유지된다. 또한 단단하게 굳어진 제형으로 덜어서 사용할 수 있고 보습이 잘 유지되는 효과가 있다.

(3) 코코넛 바디 밤의 원리

기름 분자의 보호막 작용에 의해 수분의 증발을 방지한다.

(4) 코코넛 바디 밤의 제조 원리

온도를 가하면 분자들의 결합이 깨져서 작아지고, 냉각하면 분자들의 결합이 만들어져서 분자들이 커지는 물질의 상변화에 의해 제조할 수 있다.

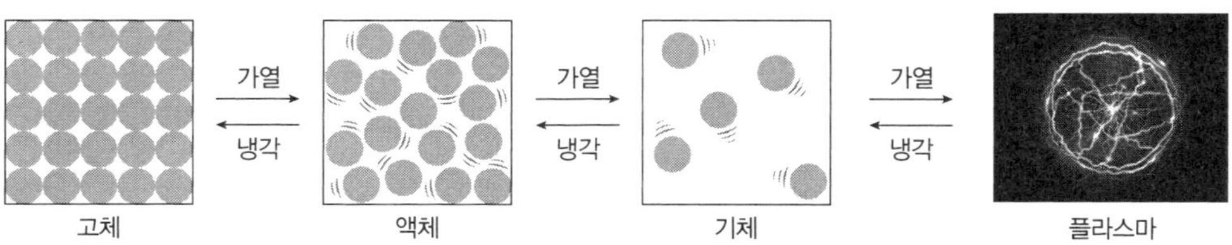

그림 34.1 바디 밤의 제조 원리(물질의 상변화)

2 실험 재료 살펴보기

시약

- 보습, 치료 효과: 엑스트라버진 코코넛 12.0 g
- 영양 공급, 피부 보호: 호호바 오일 3.0 g
- 고형화제: 비즈왁스 1.0 g
- 항산화, 노화 방지: 비타민 E 0.5 g

주요 구성 성분

- 엑스트라버진 코코넛, 호호바 오일, 비즈왁스

기기 및 분석장비

- 마이크로튜브 2개, 스포이트, 립밤 용기, 은박 컵, 지퍼백, 약봉지 1개, 라벨, 포장지, 막대, Hot plate, 비커, 점도계, pH 미터, Conductivity, 1H NMR, SEM, Optical microscope, UV/VIS spectroscopy

(1) 엑스트라버진 코코넛

엑스트라버진 코코넛은 발랐을 때 각질을 제거하여 피부를 부드럽게 하고 진피조직을 강화하여 건강하고 탄력 있는 피부를 유지한다. 또한 사슬 지방산인 분자 구조가 단순해 피부에 빠르게 흡수하여 높은 보습 효과를 나타낸다. 유효성분으로는 라우릭산(Lauric Acid)이 있는데, 이는 모유에도 들어있어 유아의 소화와 면역력을 높여주는 성분으로, 모유의 함유 비율과 비슷하다. 실온에서는 온도에 따라 액상 또는 고체상태로 존재하며, 낮은 점도를 갖고 달콤하고 고소한 향을 갖는 순도 100%의 식물성 오일이다.

(2) 호호바 오일

호호바는 미국 캘리포니아, 멕시코 남부 지방에서 자생하는 열매로, 호호바 오일은 이 열매의 씨를 압착하여 추출한 것이다. 액상 왁스 형태로, 사람의 피지 성분과 유사한 분자 구조를 가져 흡수가 잘 되고 보습력이 뛰어난 장점이 있다. 독성과 냄새가 거의 없어 향에 민감한 사람들도 거부감없이 사용 가능하며 산화가 느리고 고온에 강하기 때문에 다른 오일보다 오래 사용할 수 있다. 상처 치료 및 피부 보호를 위해 사용하고 국제분자과학 학회지에 호호바 오일이 지루성 피부염, 여드름, 습진, 피부노화 등 다양한 피부 고민에 효과가 있다고 알려져 있다. 또한 희석하지 않고 피부 및 머리카락에 사용할 수 있고 여드름과 같은 피부 트러블에도 좋은 효능이 있어 트러블을 억제하고 모공 확장을 막아주며, 피부의 노폐물을 배출하여 여드름에 의한 흉터 및 염증 등을 치료하는 데도 효과적인 원료로 알려져 있다.

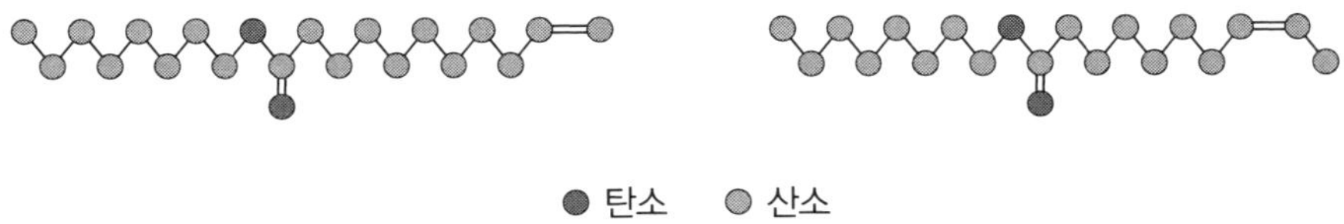

그림 34.2 호호바 오일 분자 구조

(3) 비즈왁스(밀랍)

밀랍은 벌집의 주성분을 이루는데, 꿀을 채취한 뒤 남은 벌집 찌꺼기에 열을 가해 눌러 짜내거나 다른 약품으로 녹여 얻는다. 밀랍은 비즈왁스라고도 하며, 표백한 것은 화이트 왁스, 표백하지 않은 것은 옐로우 왁스라고 한다. 비즈왁스는 피부에 코팅막을 형성해 피부가 수분을 빼앗겨 건조하지 않도록 예방하는 데 도움을 준다. 화학 방부제를 사용하지 않는 화장품의 천연식물 제품 안정화 용도로도 사용된다. 밀랍은 화장품 외에도 과자를 만들거나 의약품이 기초제, 전기 절연체, 광택제, 방수제, 양초 등의 원료로도 사용한다.

(4) 비타민 E

비타민 E는 대표적인 항산화 물질로 지용성 비타민의 한 종류이다. 생체막에서 지방질 산화 방지, 적혈구 보고, 세포 호흡, 헴 합성 및 혈소판 응집에 관여한다. 비타민 E는 토코페롤과 토코트리에놀을 모두 포함하는 화합물을 의미한다. 또한 식물성 기름, 밀이나 쌀의 씨눈, 우유, 달걀의 노른자, 채소의 푸른 잎에 들어있다.

실험 34

코코넛 바디 밤 만들기

QR 코드

실험 목표

- 엑스트라버진 코코넛을 이용하여 코코넛 바디 밤을 제조해본다.
- 바디 밤의 제조 구성 성분과 효능을 이해한다.
- 바디 밤의 제조 원리를 이해한다.

실험 방법

① 유상층(엑스트라버진 코코넛 12.0 g, 호호바 오일 3.0 g)을 넣어 섞어준다.

② 비즈왁스 1.0 g을 은박 컵에 넣고 녹을 때까지 가열해준다.

③ 유상층을 넣고 가열해준다.

④ 비타민 E 0.5 g을 넣고 섞어준다.

⑤ 크림 용기를 소독한 후 담아준다.

실험 TIP 등

- 컵과 용기는 알코올 솜을 이용하여 소독한 후 사용해야 한다.
- 비즈왁스를 저어주면 왁스가 좀 더 빨리 녹으니 잘 저어준다.
- 약품의 양은 오차 범위 내에서 조절해야 한다.

실험보고서

학과 | 학번 | 이름 | 일자 | 실험조

문제

34.1 코코넛 바디 밤의 제조 원리는 무엇인가?

34.2 코코넛 바디 밤의 작용 원리는 무엇인가?

34.3 비타민 E의 역할은 무엇인가요?

34.4 유효성분으로 라우릭산(Lauric Acid)이 있는데, 이는 모유에도 들어 있어 유아의 소화와 면역력을 높여주는 성분은 무엇인가?

34.5 피부조직과 유사한 구조를 가지고 있어 약해진 피부를 대신할 수 있는 원료는 무엇인가?

심화학습

34.6 실험에 사용한 시약들에 대한 이름, 화학식, 구조, 특징과 기능에 대해 조사하시오.

34.7 시중에 판매되는 바디 밤 제품이 있다면 무엇이 있는지 쓰고, 각각의 성분들을 조사해 보시오.

실험 35 핸드 워시 만들기

1 배경지식 쌓기

(1) 라벤더 핸드 워시

핸드 워시는 계면활성제, 글리세린, 향료 등으로 만든 거품이 나는 고체 형태 또는 물비누 형태가 있으며 손의 세정 및 청결 작용을 한다. 라벤더 워터는 보습이 뛰어나고, 가벼운 염증을 가라앉히고 재생시키는 기능을 한다.

(2) 라벤더 핸드 워시의 효과

핸드 워시는 자체 살균력은 없지만, 물로 씻어내면서 세균이나 바이러스의 감소 효과를 나타내는 손의 세정 및 청결 효과를 나타낸다. 즉, 핸드 워시를 이용해 손을 물로 적신 뒤 손톱, 손가락 사이, 손바닥, 손등 등을 30초 이상 꼼꼼히 씻으면 코로나-19와 같은 바이러스나 세균 감염 예방에 효과적이다.

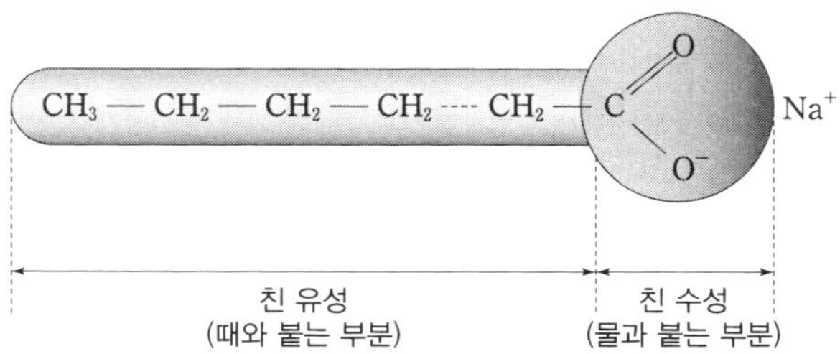

그림 35.1 계면활성제의 분자 구조

(3) 라벤더 핸드 워시의 원리

친수성과 친유성을 동시에 가지고 있는 계면활성제가 물속으로 들어가게 되면 친수성 부분은 밖으로 위치하여 물과 맞닿게 되고 친유성 부분은 물을 피해 안쪽으로 모이게 되어 마이셀 구조를 형성한다. 이때 친유성 부분이 피부에 붙어있는 기름때와 같은 오염물질(세균이나 바이러스)과 부착되고 안으로 들어가면서 물과 함께 씻겨 내려 가게 된다.

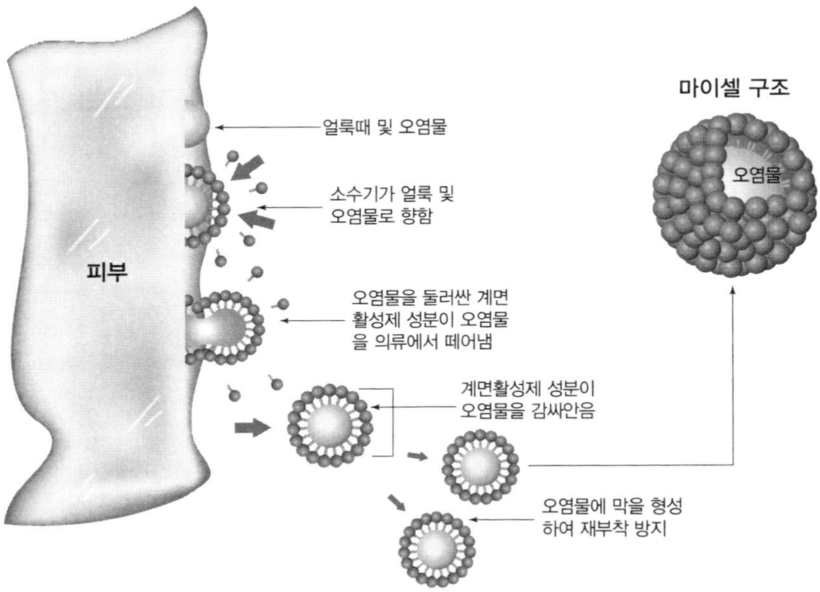

그림 35.2 계면활성제의 마이셀 구조 및 세정 과정

2 실험 재료 살펴보기

주요 구성 성분

- 계면활성제 : 물비누베이스 10.0 g
- 용매 : 정제수 16.0 g
- 보습 및 진정효과 : 라벤더 워터 2.0 g
- 방부효과 : 천연한방보존제 0.3 g
- 보습효과 : 글리세린 0.3 g
- 항균 및 각질 제거 : 레몬 EO 1방울
- 항균 및 항산화 효과 : 티트리 EO 1방울

기기 및 분석장비

- 분무기, 컵, 스포이트, 나무막대

(1) 물비누베이스(Liquid soap)

물비누베이스의 원재료인 코코넛이나 팜유에서 지방산을 분리하여 분리된 지방산을 다시 센염기인 NaOH(가성소다)와 물(H_2O) 등의 첨가물을 넣고 만든 원료를 말한다. 비누베이스와 달리 pH가 6.5 정도로 약산성이며, 점성을 지닌 투명한 액체이다.

(2) 라벤더 워터

라벤더 워터는 보습과 진정효과의 역할을 한다. 특히 피부의 신진대사를 촉진시키는 효과가 있으며 피지의 과잉 분비를 억제하므로 여드름이나 뾰루지 등에도 효과적이다. 또한 피부의 가벼운 화상, 상처 등의 염증을 가라앉히고 재생시키는 기능을 한다.

(3) 천연한방보존제

천연한방보존제의 함유성분으로는 오배자 추출물, 가자 추출물, 초피나무 열매 추출물이다. 미백효과 및 방부효과가 뛰어나 천연화장품 등에 방부제로 사용되며 로즈마리 추출물보다도 뛰어난 방부효과를 가지고 있다. 자체 항산화 효과도 있기 때문에 제품의 변질을 막아준다. 또한 항균 효과, 항염증 작용, 항산화 효과, 항노화 효과가 있다고 한국, 중국, 일본에서는 오래전부터 한방의 주요 처방에 이러한 식물을 추출하여 한약에 응용하고 있다.

(4) 글리세린

글리세린은 윤활 및 보습 등의 목적으로 사용되는 물질이다. 하이드록시(-OH) 3개를 가지고 있어 수분 흡수력이 강하다. 또한 무색투명의 냄새가 없고 단맛이 나는 액체이며 주부습진이나 갈라진 곳에도 사용하기도 했으며 피부질환에도 효과가 있다고 알려져 있다.

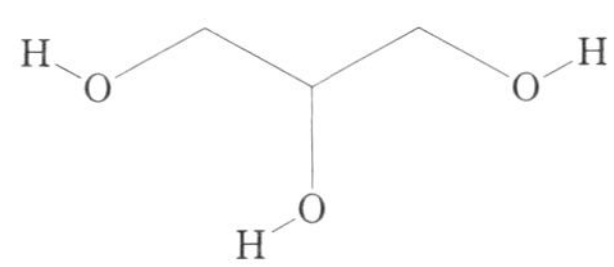

그림 35.3 글리세린의 구조

35.2.5 레몬 EO

레몬 에센셜 오일은 혈액을 정화하여 림프 순환을 자극하는 효과를 지니고 있어 각질사세포의 제거를 도와 혈색을 맑게 유지시켜 주고, 과도한 피지분비를 방지하는 수렴 및 항균 효과가 뛰어나 민감성 피부에 유용하다. 또한 외부 유해 병원균에 대한 백혈구의 저항력을 증가시켜 항균 및 항바이러스 효과를 통해 면역계를 강화하는 데 효과를 보이는 것으로 알려져 있다.

35.2.6 티트리 EO

티트리는 잎과 잔가지에서 추출한 에센셜 오일로 박테리아, 바이러스, 진균류에 효과적으로 작용하고 면역력을 증가시켜주는 오일이다. 산뜻하고 의약품 같은 캠퍼향(Camphoraxeous)이 나고, 라디칼 소거 능력이 있어 강한 항산화 기능을 가지고 있다. 또한 기관지염, 비염, 인후염, 목의 통증 등에 효과적이고 살균소독제, 탈취제, 공기 정화제로도 많이 사용되고 있다.

실험 35

핸드 워시 만들기

QR 코드

실험 목표

- 라벤더 워터를 이용하여 핸드 워시를 만들어본다.
- 핸드 워시의 제조 구성성분을 이해한다.
- 핸드워시의 세정 원리를 이해한다.

실험 방법

① 소독한 컵에 물비누 베이스 10 g을 넣는다.
② 정제수 16 g을 컵에 넣어준다.
③ 라벤더 워터 2 g을 첨가해준다.
④ 천연한방보존제 0.3 g을 첨가해준다.
⑤ 글리세린 0.3 g을 첨가해준다.
⑥ 레몬 에센셜 오일과 티트리 에센셜 오일을 각각 1 방울씩 넣어 준 후 모든 첨가물이 잘 섞일 수 있도록 저어준다.

실험 TIP 등

➔ 컵과 용기는 알코올 솜을 이용하여 소독한 후 사용해야 한다.
➔ 약품의 양은 오차 범위 내에서 조절해야 한다.

실험보고서

학과 | 학번 | 이름 | 일자 | 실험조

문제

35.1 핸드 워시의 원리는 무엇인가?

35.2 실험에서 항산화, 미백, 방부효과를 목적으로 사용한 원료는 무엇인가?

35.3 라벤더 워터의 역할은 무엇인가?

35.4 박테리아, 바이러스, 진균류에 효과적으로 작용하고 면역력을 증가시켜 주는 오일은 무엇인가?

심화학습

34.5 실험에 사용한 시약들에 대한 이름, 화학식, 구조, 특징과 기능에 대해 조사하시오.

34.6 시중에 판매되는 핸드 워시 제품이 있다면 무엇이 있는지 쓰고, 각각의 성분들을 조사해 보시오.

실험 36 오트밀 팩 만들기

1 배경지식 쌓기

(1) 오트밀 팩

오트밀은 각종 미네랄과 비타민 B가 함유되어 있어 피부에 영양을 공급해주고 피부에 수분을 충분히 공급해주어 피부를 윤택하게 해 준다. 따라서 오트밀을 사용한 오트밀 팩은 피부를 촉촉하게 하고 피부 진정, 특히 건조한 피부에 효과가 좋은 보습 팩이다.

(2) 오트밀 팩의 효과

오트밀에는 아베난쓰라마이드(Avenanthramides) 성분이 있어 항산화 효과가 있고 피부세포의 활성산소를 제거하여 노화를 방지한다. 또한 피부보습에 효과가 좋고 공기 중에 있는 수분을 끌어당겨 피부에 수분을 채워준다. 피부보습, 탄력에 효과가 좋고 천연 팩으로 활용하면 각질 제거에도 도움을 준다. 또한 첨가제 중 제라늄이 각질 연화 작용 및 세포재생에 도움을 준다.

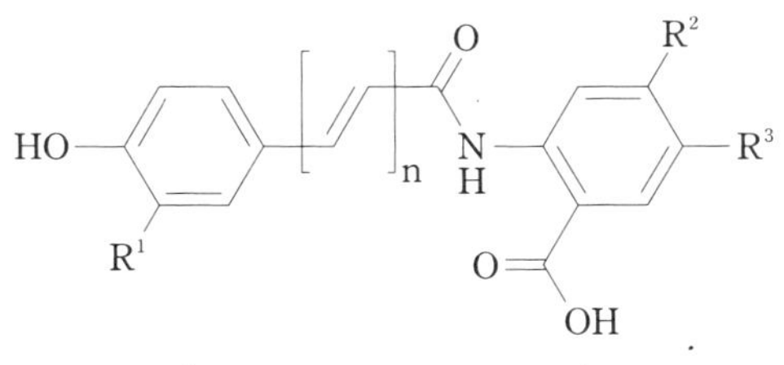

그림 36.1 Avenanthramides 의 구조

(3) 오트밀 팩의 작용 원리

오트밀 팩의 원리는 피부와 외부 공기를 팩이 일시적으로 완전차단하므로 수분의 증발을 억제하여 피부 각질층에 수분이 공급되어 유연해지며 팩에 함유된 유효성분의 침투가 쉬워진다.

(4) 물질의 역삼투 현상

역삼투압 현상은 농도가 높은 쪽에서 낮은 쪽으로 흡수되는 원리로 영양이나 수분을 잔뜩 함유한 팩이 피부에 비해 높은 농도를 가지고 있어 피부에 붙이면 피부로 영양성분이 옮겨간다.

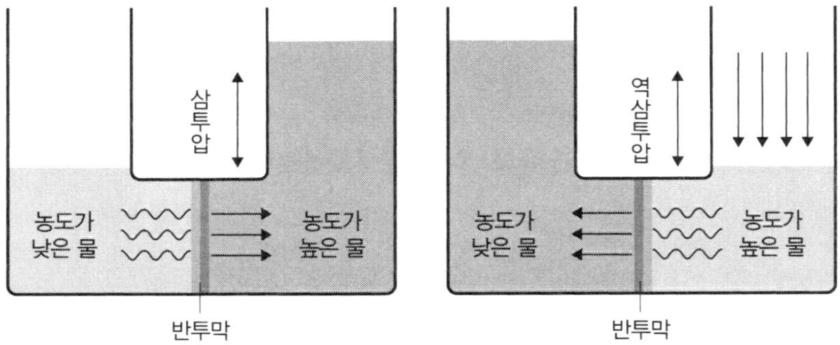

그림 36.2 물질의 삼투압과 역삼투압의 원리

2 실험 재료 살펴보기

주요 구성 성분

- 보습 효과: 오트밀 분말 7.5 g, 글리세린 2.5 g
- 각질 연화 작용 및 세포재생: 제라늄 3 g,
- 세포재생 보조제: 라벤더 트루 2.0 g
- 피부재생: 라벤더 워터 4.7 g
- 피부진정 및 수분 공급: 알로에 베라겔 10 g,
- 피부진정 보조제: 티트리 1 g

기기 및 분석장비

- 마그네틱 바, 크림 용기, 스포이트, 비커, 점도계, pH 미터, Conductivity, 1H NMR, LC-MS

(1) 오트밀 분말

오트밀은 귀리를 압착하고 분쇄 등의 가공에 의해 먹기 좋은 상태로 만든 것이다. 오트밀에는 아베난쓰라마이드(Avenanthramides) 성분이 있어 항산화 효과가 있고, 피부세포의 활성산소를 제거하여 노화를 방지한다. 또한 보습 효과를 위해 주로 화장품에 첨가제로 이용되고 트러블을 방지해주는 효과가 있어 모공의 건강을 유지하는 데도 유용한 원료로 알려져 있다.

(2) 글리세린

글리세린은 윤활 및 보습 등의 목적으로 사용되는 물질이다. 하이드록시(-OH) 3개를 가지고 있어 수분 흡수력이 강하다. 또한 무색투명의 냄새가 없고 단맛이 나는 액체이며 주부습진이나 갈라진 곳에도 사용하기도 했으며 피부질환에도 효과가 있다고 알려져 있다.

(3) 라벤더 워터

라벤더 워터는 피부의 신진대사를 촉진시키는 효능이 있고, 스트레스에 의한 피지의 과잉분비를 억제하므로 여드름이나 뾰루지 등에도 효과적이다. 특히 염증을 가라앉히고 피부를 재생시키는 효과가 있다고 알려져 있다.

(4) 알로에 베라겔

알로에 베라겔은 점도가 있는 원료로 점증제를 따로 첨가하지 않아도 점도를 내는데 응용할 수 있으며 다양한 화장품에 적용할 수 있다. 잎의 수질에서 나오는 물질은 화학적 구성과 성질이 다른 겔(Gel)과 라텍스(Latex)라는 2가지 성분이 있다. 알로에 베라겔은 알로에 잎 내부의 조직에서 나오는 묽고 투명하면서 젤리와 같은 점액질이다. 겔은 글루코만난(Glucomannans)이나 펙틴산(Pectic acid)과 같은 다당체와 기타 여러 유기화합물 및 무기화합물 등을 함유하고 있다. 알로에 베라겔은 햇빛에 오랜 시간 노출되어 타서 벗겨진 피부를 진정시키는 쿨링 작용을 하고 피부를 부드럽게 하며 촉촉하게 수분을 공급한다.

(5) 제라늄 EO

제라늄 EO은 꽃, 잎, 줄기를 모두 사용하여 증기증류법(수증기로 식물의 방향유효 성분을 추출하고 냉각수로 냉각하여 응축시키는 방법)으로 추출한 에센셜 오일이다. 제라늄 EO은 특히 각질 연화 작용 및 세포재생에 효과가 있다. 적은 양을 사용하면 진정효과가 있지만 많은 양을 사용하면 자극효과가 있으므로 사용 목적에 따라 오일의 양을 조절해야 한다. 민감성 피부는 피부를 자극할 우려가 있고, 임산부와 호르몬 관련 환자는 사용에 주의해야 한다.

(6) 라벤더 트루(Lavander true) 에센셜 오일

라벤더 트루는 불안, 초조, 긴장을 완화해주어 신경을 안정시킨다. 신경의 밸런스를 유지해주며, 우울한 기분을 풀어준다. 또한 불면증 치유에 오랫동안 널리 알려져 왔다. 특히 라벤더 트루는 새로운 세포의 성장을 촉진하는 세포재생에 효과가 있으며, 피지 분비를 조절하는 작용이 있어 피부를 가리지 않고 사용할 수 있다. 그 외 두통, 알레르기, 비염, 맥박 안정 등의 아로마테라피에 효과가 있다고 알려져 있다.

(7) 티트리 EO

티트리는 불쾌한 냄새를 제거해주는 탈취 효능이 있다. 공기를 상쾌하게 정화하는 역할을 하는 허브의 한 종류로서 불쾌한 냄새를 제거해주어 탈취제, 공기정화제, 비누 등에 첨가하여 사용한다. 티트리 잎과 잔가지를 증기 증류법으로 추출한 에센셜 오일로 박테리아, 바이러스, 진균류에 효과적으로 작용하고 면역력을 증가시켜주는 오일이다. 무향 크림에 1~2방울을 넣어 잘 섞은 후 바르면 상처치유, 여드름, 각종 피부질환의 염증, 가려움증 완화 등 피부 진정에 효과적이다.

실험 36

오트밀 팩 만들기

QR 코드

실험 목표

- 오트밀을 이용하여 오트밀 팩을 만들어 본다.
- 오트밀 팩의 제조 및 구성 성분을 이해한다.
- 오트밀 팩의 원리와 효과를 이해한다.

실험 방법

① 저울 위의 비커에 베이스인 알로에 베라겔 10 g, 글리세린 2.5 g, 라벤더 워터 4.7 g, 오트밀 분말 7.5 g을 순서대로 넣으면서 잘 섞어준다.

② 제라늄 EO 3 g, 라벤더 트루 EO 2 g, 티트리 EO 1 g을 3:2:1로 계량 후 베이스 용기에 2방울 첨가한 후 잘 섞어 준다.

③ 깨끗한 크림을 용기에 담아준다.

실험 TIP 등

- 비커와 용기는 알코올 솜을 이용하여 소독한 후 사용해야 한다.
- 약품의 양은 오차 범위 내에서 조절해야 한다.

실험보고서

학과 | 학번 | 이름 | 일자 | 실험조

문제

36.1 오트밀 팩의 효과는 무엇인가?

36.2 오트밀 팩의 원리는 무엇인가?

36.3 실험에서 각질 연화 작용 및 세포재생 효과가 있는 원료는 무엇인가?

36.4 오트밀은 항산화 효과가 있고 피부세포의 활성산소를 제거하여 노화 방지에 효과가 있는데 어떤 성분이 함유되어 있기 때문인가?

심화학습

36.5 실험에 사용한 시약들에 대한 이름, 화학식, 구조, 특징과 기능에 대해 조사하시오.

36.6 시중에 판매되는 팩 제품이 있다면 무엇이 있는지 쓰고, 각각의 성분들을 조사해 보고 서로 토론하시오.

실험 37 아르간 헤어 앰플 만들기

1 배경지식 쌓기

(1) 헤어 앰플

헤어 앰플은 모발 장벽을 강화하는 데 도움을 주고, 코팅막을 형성하여 갈라짐을 방지하고 보호해준다.

(2) 아르간 헤어 앰플의 효과

아르간 오일은 비타민 E가 매우 풍부하여 모발 장벽을 강화하는 데 도움을 주고 갈라짐을 방지해준다. 따라서 아르간 오일은 두피와 모발의 전반적인 건강을 향상시키는 데 도움을 준다. 또한 동백 오일은 수분 증발을 방지하며, 머리카락을 이루고 있는 단백질 등 영양분을 공급한다. 세라마이드 성분은 모발과 단단하게 결합하여 수분이 빠져나가는 것을 방지하여 머리카락의 윤기와 코팅에 도움을 준다.

(3) 아르간 헤어 앰플의 작용 원리

다공성 모발에 유사 단백질을 흡착시키고, 식물성 코팅막으로 매끄럽게 하는 코팅막 작용의 원리를 이용하여 모발 장벽을 강화시킨다.

2 실험 재료 살펴보기

시약

- 모발 컨디셔닝(모발 장벽 형성): 아르간 오일 5 g
- 영양 공급: 동백 오일 3.8 g

- 모발 성장: 로즈마리 에센셜 오일 2방울
- 수분증발방지 및 수분 공급: 세라마이드 1.0 g
- 산화 방지(노화 방지): 비타민 E 2방울

주요 구성 성분

- 아르간 오일, 동백 오일, 세라마이드

기기 및 분석장비

- 마이크로튜브 4개, 스프레이 100 ml 용기, 종이컵, 약봉지, 라벨, 포장지, 막대, 스포이트, 비커, 점도계, pH 미터, Conductivity, 1H NMR, SEM, Optical microscope, UV/VIS spectroscopy

(1) 아르간 오일

아르간 오일의 역할은 모발 컨디셔닝으로 아르가니아 나무의 열매 씨에서 추출한 오일로 약재로 이용된다. 화장품 원료로 사용되는 것은 물론 수프, 디핑소스 등의 식품 향신료로도 활용된다. 올리브유보다 2배 이상의 비타민 E를 함유하고 있어, 항산화 및 보습력이 우수하여 오늘날에는 보습제 또는 헤어에센스 등에 많이 사용된다. 또한 비타민 E가 매우 풍부하여 강력한 모발 장벽을 형성하여 햇빛으로 인한 모발 손상을 방지해준다.

(2) 동백 오일

동백 오일은 동백나무의 열매에서 추출되며, 한국, 중국, 일본 등 동아시아 지역에서 생산되고 한국은 제주도와 남해에서 주로 생산된다. 방치해도 거의 증발하지 않고, 비중은 약 0.916으로 물과 비슷하다. 주성분은 올레인산으로 약 90%를 차지하고 있다. 모발과 두피에 단백질 등 영양 공급에 효과적이고 수분이 증발하는 것을 방지해준다.

(3) 로즈마리 에센셜 오일

로즈마리의 잎과 꽃을 증기 증류법으로 추출한 에센셜 오일로 무색 또는 엷은 황색의 점도가 낮은 액체로 상쾌하게 톡 쏘는 허브향이 강하게 난다. 주요 화학성분은 알파-피넨(α-pinene), 베타-피넨(β-pinene) 등의 모노테르펜계와 1,8-시네올(1,8-cineole) 등의 옥사이드계, 보르네올(borneol) 등의 알코올계로 이루어져 있다. 특히 로즈마리 에센셜 오일은 머리를 맑게 하여 두뇌활동에 도움을 주고 정체된 피부의 혈액순환을 돕고, 모발 성장에 도움을 준다고 알려져 있다.

(4) 세라마이드

세라마이드는 스핑고지질의 한 종류로서 스핑고산과 지방산으로 구성된 분자이다(그림 37.1). 세라마이드는 세포막에 다량으로 존재하고 있으며, 세포분화, 성장, 사멸 등의 다양한 세포 신호전달에 관여하고 있다. 세라마이드의 화학 구조식을 보면, 친수성기와 친유성기를 함께 가지고 있어 피부에 있는 수분이 증발하는 것을 막아준다. 따라서 세라마이드는 피부노화예방에 도움이 되고 수분을 공급하여 아토피, 습진 등 피부 건조로 인한 질환 등에도 효과적이고 피부를 외부 자극으로부터 보호하는 역할을 한다.

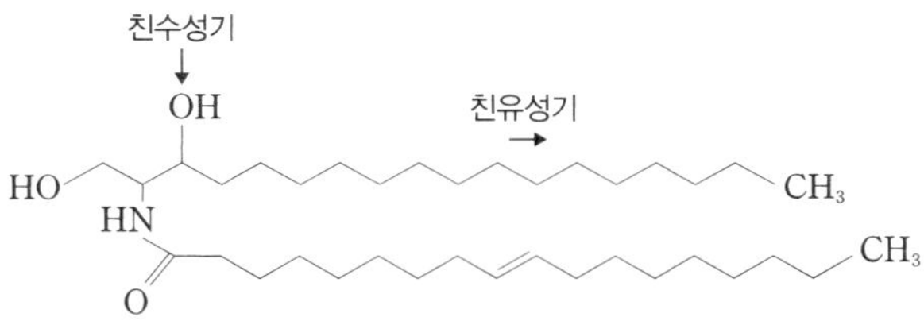

그림 37.1 세라마이드의 구조

(5) 비타민 E

비타민 E는 대표적인 항산화 물질로 지용성 비타민의 한 종류이다. 생체막에서 지방질 산화 방지, 적혈구 보고, 세포 호흡, 헴 합성 및 혈소판 응집에 관여한다. 비타민 E는 토코페롤과 토코트리에놀을 모두 포함하는 화합물을 의미한다. 또한 식물성 기름, 밀이나 쌀의 씨눈, 우유, 달걀의 노른자, 채소의 푸른 잎에 들어있다.

실험 37

아르간 헤어 앰플 만들기

QR 코드

실험 목표

- 아르간 오일과 동백 오일을 이용하여 헤어 앰플을 제조해본다.
- 아르간 헤어앰플의 제조 구성 성분을 이해한다.
- 아르간 헤어앰플의 원리를 이해한다.

실험 방법

① 아르간 오일 5 g을 비커에 넣어준다.

② 동백 오일 3.8 g을 비커에 넣어준다.

③ 세라마이드 1 g, 로즈마리 에센셜 오일 2방울, 비타민 E 2방울을 넣어 섞어준다.

실험 TIP 등

➔ 비커와 용기는 알코올 솜을 이용하여 소독한 후 사용한다.

➔ 약품의 양은 오차 범위 내에서 조절한다.

실험보고서

학과 학번 이름 일자 실험조

문제

37.1 헤어 앰플의 원리는 무엇인가?

37.2 아르간 오일의 효과는 무엇인가?

37.3 실험에서 친수성기와 친유성기를 함께 가지고 있어 피부에 있는 수분이 증발하는 것을 방지하여 아토피, 습진 등 피부 건조로 인한 피부질환 등에도 효과적인 원료는 무엇인가?

37.4 비타민 E의 역할은 무엇인가?

37.5 방치해 두어도 거의 증발하지 않고, 비중은 약 0.916으로 물과 비슷하다. 주성분은 올레인산으로 약 90%를 차지하는 물질은 무엇인가?

심화학습

37.6 실험에 사용한 시약들에 대한 이름, 화학식, 구조, 특징과 기능에 대해 조사하시오.

37.7 시중에 판매되는 헤어 앰플 제품이 있다면 무엇이 있는지 쓰고, 각각의 성분들을 조사하시오.

실험 38 노인 냄새 제거 스프레이 만들기

1 배경지식 쌓기

(1) 노인 냄새 제거 스프레이

편백나무에 함유된 피톤치드가 코르티솔 호르몬을 감소시켜 스트레스 감소 및 심신 안정 유지에 도움을 준다. 특히 피톤치드가 포름알데하이드 등의 유기화합물을 분해하여 유해물질 및 노인 냄새와 같은 악취를 제거한다.

(2) 노인 냄새 발생의 원인

노인 냄새의 원인은 노넨알데하이드(Trans-2-Nonenal)로 불포화 알데하이드의 일종이다. 사람의 노화 과정에서 나타나는 피부 유익균 감소 및 유해균 증가, 피부 산성화, 피지 속 지방산의 산화로 인해 생성된다. 노화가 진행될수록 신진대사가 저하되어 노폐물이 배출되지 않고 머물게 된다. 노넨알데하이드가 배출되지 않고 축적되어 산화되면서 노인 냄새가 발생한다.

그림 38.1 노인 냄새 원인 Trans-2-Nonenal 의 구조

(3) 피톤치드의 노인 냄새 제거 원리

피톤치드 성분인 알파-피넨(α-pinene), 베타-피넨(β-pinene), 리모넨(limonene) 등은 고리 모양의 탄소 결합구조로 매우 불안정한 이중결합 구조를 가지고 있다.

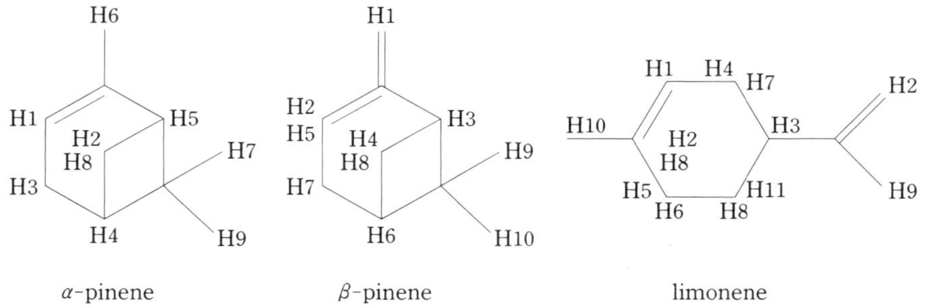

그림 38.2 피톤치드의 성분

암모니아와 같은 유기화합물과 만나면 불안정한 이중결합 구조에서 안정적인 결합 구조가 되기 위해 반응이 일어나는데, 암모니아 악취 물질이 암모늄과 같은 안정한 결합을 형성하며 무취 물질로 변한다.

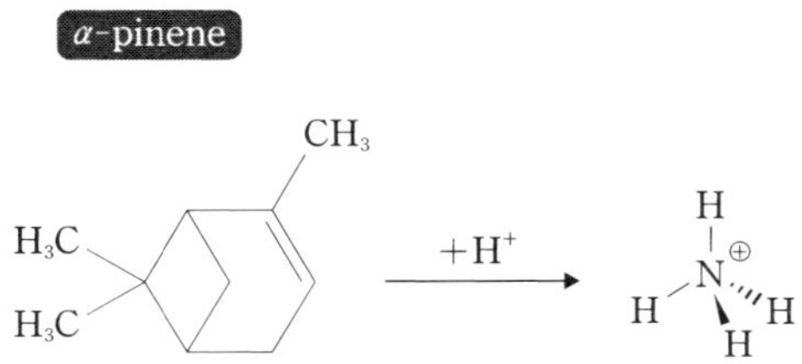

그림 38.3 알파-피넨과 암모니아와의 결합에 의한 암모늄 형성 메카니즘

(4) 노인 냄새 제거 스프레이의 제조 원리

에멀젼은 우유처럼 액체가 다른 액체에 콜로이드 상태로 퍼져 있는 용액이다. 주로 서로 섞이지 않는 두 액체 사이에 일어난다. 콜로이드와 유화액이 비슷한 의미로 쓰이지만, 유화액의 경우 주로 두 개의 상이 존재하는 경우 주로 사용된다.

유화액이란 말은 "우유와 같이 된다"라는 뜻으로, 영어 표현인 emulsion 또한 'to milk'라는 뜻의 라틴어 단어로부터 유래한다. 우유의 경우 물과 지방, 그리고 여러 구성 요소로 이루어진 유화액이다. 두 개의 액체는 용매와 용질에 따라서 여러 유화액의 종류를 형성하는데, 기름과 물을 예로 들자면 일단 '물 안에 기름이 들어간 경우'와 반대로 '기름 안에 물이 들어간 경우'가 가능하다. 중첩된 유화액 상태도 가능한데, '물 안의 기름 속의 물(water-in-oil-in-water)' 유화액과 '기름 안의 물 속의 기름(oil-in-water-in-oil)' 유화액 또한 존재한다.

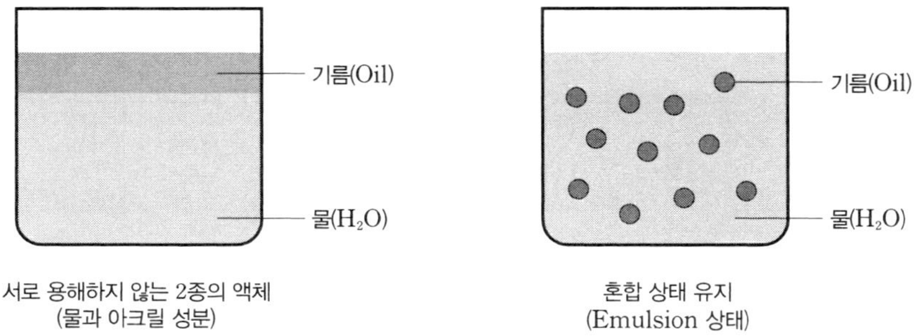

그림 38.4 에멀젼

보통 마이크로유화액은 기름 입자가 계면활성제나 보조계면활성제(co-surfactant), 보조용매(co-solvents)에 의해 가용성이 되면서 나타난다.

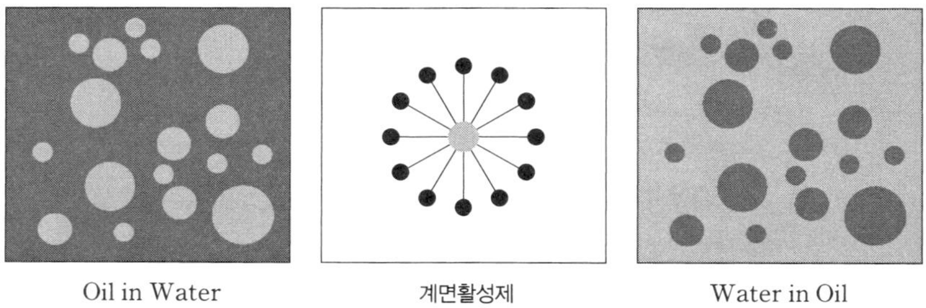

그림 38.5 물과 기름의 가용화

2 실험 재료 살펴보기

시약

- 용제: 정제수 24.9 g
- 보습 및 보존제: 뷰틸렌글라이콜 0.6 g
- 악취 제거, 항균, 함염, 항암 스트레스 감소: 편백에센셜 오일 0.9 g
- 계면활성제: 폴리소르베이트 80 0.6 g
- 살균 및 소독: 에탄올 3.0 g

주요 구성 성분

- 네틀 추출물, 실크 아미노산, 녹차 추출물, 티트리 EO

기기 및 분석장비

- 마이크로튜브 4개, 스프레이 30 ml 용기, 약봉지, 라벨, 물약병 60 ml, 포장지, 종이컵, 막대, 스포이트, 비커, 점도계, pH 미터, Conductivity, 1H NMR, SEM, Optical microscope, UV/VIS spectroscopy

(1) 뷰틸렌 글라이콜

뷰틸렌 글라이콜은 포도주, 사탕수수를 발효시켜 추출한 지방산에서 얻은 성분이다. 수분을 끌어당기는 성질이 강해 보습제로 사용하여 피부를 부드럽고 촉촉하게 한다. 물에 녹지 않는 물질의 용해를 돕는 용제로서 역할을 하고, 휘발성분의 발향을 늦추는 역할을 한다. 또한 항미생물효과가 있어 화장품의 부패를 방지하는 보존제로 사용되기도 한다.

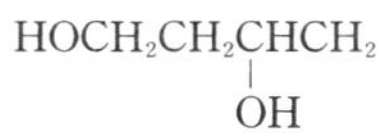

그림 38.6 뷰틸렌 글라이콜의 구조

(2) 편백에센셜 오일

편백에센셜 오일은 몸 안의 NK 세포(면역세포)를 활성화시켜 면역력을 높여주며, 스트레스 호르몬인 코르티졸의 농도를 감소시켜 불면증을 해소해준다. 또한 집중력과 기억력을 높여주며, 비염 등 알레르기 완화에도 효과가 있다. 특히 우수한 항균력 밀 살균력이 있어, 주변의 유해물질, 담배 냄새 및 노인 냄새 등의 기타 악취도 분해하여 다양한 용도로 사용되고 있다.

(3) 폴리소르베이트 80

폴리소르베이트 80은 주로 모노에스터로 구성된 친수성 비이온 계면활성제이다. 올레인산이 첨가된 노란색의 유동성 액체로, 스킨케어 제품, 피부클렌징 제품, 샴푸, 향수, 파우더 등 다양한 제품에 유화제로 사용되고 있다.

(4) 에탄올

에탄올 함량이 10% 이상에서는 세균을 제거하는 효과가 나타난다. 에탄올 함량이 증가할수록 점점 효과도 높아지지만, 일정 수준 함량이 넘어서면, 오히려 살균 효과가 떨어진다. 따라서 살균 효과의 최적 함량은 70% 정도로 알려져 있다.

실험 38

노인 냄새 제거 스프레이 만들기

QR 코드

실험 목표

- 편백에센셜 오일을 이용하여 노인 냄새 제거 스프레이를 제조해본다.
- 노인 냄새 제거 스프레이의 제조 구성성분을 이해한다.
- 노인 냄새 제거 스프레이의 원리를 이해한다.

실험 방법

① 종이컵에 뷰틸렌 글라이콜 0.6 g을 넣고, 편백에센셜 오일 0.9 g, 폴리소르베이트 80 0.6 g을 넣고 섞어준다.

② 에탄올 3 g을 넣어 다시 섞어준다.

③ 정제수 25 g을 넣어 흔들어준다.

④ 완성된 후 소독한 용기에 담아 사용한다.

실험 TIP 등

➔ 컵과 용기는 알코올 솜을 이용하여 소독한 후 사용해야 한다.

➔ 약품의 양은 오차 범위 내에서 조절해야 한다.

실험보고서

학과 | 학번 | 이름 | 일자 | 실험조

문제

38.1 노인 냄새 발생의 원인 물질은 무엇인가?

38.2 피톤치드의 노인 냄새 제거 원리는 무엇인가?

38.3 노인 냄새 제거 스프레이 용액의 제조 원리는 무엇인가?

38.4 실험에서 악취 제거 목적으로 사용한 원료는 무엇인가?

38.5 뷰틸렌 글라이콜의 역할은 무엇인가?

심화학습

38.6 실험에 사용한 시약들에 대한 이름, 화학식, 구조, 특징과 기능에 대해 조사하시오.

38.7 시중에 판매되는 냄새 제거 스프레이 제품이 있다면 무엇이 있는지 쓰고, 각각의 성분들을 조사하시오.

저자 소개

김운중

한남대학교 화학과 학사

한남대학교 대학원 분석화학 이학석사

한남대학교 대학원 물리 및 분석화학 이학박사

현)한남대학교 생명나노과학대학 화학과 교수

e-mail: wjkim@hnu.kr

화장품 과학 실험 제2판

저　　자　김운중
발 행 인　김지영
발 행 처　자유아카데미
주　　소　경기도 파주시 회동길 37-42
　　　　　파주출판도시
전　　화　031-955-1321
팩　　스　031-955-1322
홈페이지　www.freeaca.com
전자우편　main@freeaca.com (대표)
　　　　　editor@freeaca.com (편집)
　　　　　crm@freeaca.com (영업)
등　　록　제406-2003-017호, 1980. 7. 12
제2판1쇄　2023년 2월 25일 발행

저자와의
협의하에
인지생략

ISBN 979-11-5808-424-0　93590